多频带脉冲超宽带系统
关键技术及优化方法

Key Technologies and Optimization Methods of Multi-Band Pulse UWB System

> 赵冰 —— 著

人民邮电出版社
北京

图书在版编目（CIP）数据

多频带脉冲超宽带系统关键技术及优化方法 / 赵冰
著. -- 北京 ：人民邮电出版社，2019.10
ISBN 978-7-115-52070-8

Ⅰ．①多… Ⅱ．①赵… Ⅲ．①超宽带技术 Ⅳ.
①TN926

中国版本图书馆CIP数据核字(2019)第204760号

内 容 提 要

认知超宽带无线通信系统是一种新型的智能通信系统，它既具有超宽带技术的高保密性、高速率、低功耗等优势，又具有认知无线电技术频谱接入的灵活性，可有效地提高无线频谱的利用率，缓解无线电资源日益匮乏的压力。鉴于认知超宽带技术在诸多领域中具有广泛的应用前景，本书集合了近年来的研究成果，侧重于提高系统有效性的设计方法研究，并给出了多路多带并行传输系统的系统构架及性能分析，可供该领域相关研究人员参考。

◆ 著　　　　　赵　冰
责任编辑　王　夏
责任印制　彭志环

◆ 人民邮电出版社出版发行　　北京市丰台区成寿寺路 11 号
邮编　100164　　电子邮件　315@ptpress.com.cn
网址　http://www.ptpress.com.cn
北京市艺辉印刷有限公司印刷

◆ 开本：700×1000　1/16
印张：10.5　　　　　　　　　　2019 年 10 月第 1 版
字数：206 千字　　　　　　　　2019 年 10 月北京第 1 次印刷

定价：98.00 元
读者服务热线：(010)81055493　印装质量热线：(010)81055316
反盗版热线：(010)81055315
广告经营许可证：京东工商广登字第 20170147 号

前　言

　　无线频谱资源是一种重要的战略性资源，是所有的无线电业务开展所必需的资源，包括频率、时隙、码字等，然而无线频谱资源又是一种有限的资源，无线通信业务的不断增长使其对无线频谱资源的需求急剧膨胀，导致无线频谱资源的日益紧张。美国联邦通信委员会（Federal Communication Commission，FCC）指出问题的根源不是频谱的真正缺乏，而是目前采用的静态频谱分配原则使频谱没有被充分利用。因此，具有高效无线通信资源利用率的新型无线通信技术成为研究的热点，其中最具有代表性的是超宽带技术与认知无线电技术。超宽带技术是一种充分利用现有频谱资源的衬底式传输技术，以重叠共享方式与现有无线通信系统共同占用频谱，但由于超宽带系统在通信过程中缺乏射频环境信息，因此易对其他通信系统产生干扰。认知无线电技术是一种智能无线通信技术，具有频谱检测和自适应参数调节能力。因此，将认知无线电技术引入超宽带系统，设计出一种新型的智能通信系统——认知超宽带无线通信系统。它既可以充分发挥超宽带技术的高保密性、高速率、低功耗等优势，又可以充分利用认知无线电技术灵活的频谱接入方式，有效地解决两种技术各自面临的困境，充分发挥各自的特点，为解决目前无线频谱资源困境提供了一个新的思路。本书围绕这一热点课题展开，并将研究重点放在脉冲信号的生成方法、降低系统切换开销的频谱移动性管理和提高传输效率的并行传输系统设计上。

　　本书在综合分析、整理国内外大量文献的基础上，结合作者在认知超宽带无线通信系统方面的部分研究成果，力图系统地讲解认知超宽带无线通信系统的基本概念以及认知超宽带系统的频谱检测技术、自适应脉冲设计方法、频谱移动性管理方法，并在正交脉冲的基础上对认知超宽带系统进行了改进，提高了系统的有效性。部分章节采用了 Matlab 软件进行仿真，并通过仿真结果验证系统性能，具有较强的可理解性，所有仿真设计均来自作者的科研项目，具有可扩展性。

　　全书由 10 章构成。第 1 章到第 3 章为认知超宽带系统的基础知识部分，分别阐述了超宽带无线通信技术基本原理、应用及其面临的挑战，认知无线电技术原理与特点及脉冲超宽带与认知无线电相结合的必要性和可行性。第4章和第5章系统地介绍了认知超宽带系统的频谱检测技术和多窗谱估计联合奇异值变换检测技术。第6章讲述了脉冲超宽带系统常用脉冲及典型脉冲超宽带系统。第7章和第8章介绍了超宽带脉冲信号设计要求、单带自适应脉冲设计方法及多带自适应脉冲设计方法。第9章介绍了认知超宽带系统的频谱移动管理方法——部分避让频谱切换机制，给出了不同相邻状态的转移概率，并归纳了部分避让机制的频谱切换流程。第10章介绍了一种具有较高有效性的改进型超宽带系统——多带多路并行传输脉冲超宽带系统，给出了系统的发射接收框架，论证了系统的可行性，推导了系统在高斯信道中的误码率，并与多带单路串行超宽带系统性能进行了对比，该方案频谱使用具有更高的灵活性和交互性，可以自适应地调整频谱结构和数据传输速率，提供高可靠性和高频谱利用率的无线传输，为促进智能网络和无线设备的发展、实现以用户为中心的无线通信世界提供可行性方案和技术储备。

希望本书能够为国内超宽带无线通信系统的研究和开发人员提供一些直接的帮助和建议，如果可以做到这一点，将会是作者最大的欣慰。

由于作者水平有限，加之编写时间仓促，书中难免有错误和不足之处，恳请读者批评指正。

赵　冰

2019 年 1 月于黑龙江大学

目　录

第1章
超宽带通信系统

随着信息产业的迅速发展，人们对无线通信业务的需求呈现出快速增长的趋势。不断开发出的新无线接入技术为无线业务开辟了新的频段，但是由于无线接入频段受限于终端设备天线尺寸和功率，频谱资源仍处于严重匮乏的状态，这也制约了无线通信业务的发展。为了解决这一问题，人们开始寻找更加有效地利用频谱的方法。

超宽带（Ultra Wide-Band，UWB）技术是一种充分利用现有的频谱资源的衬底式传输技术，以重叠共享（Underlay）方式与现有窄带无线通信系统（带宽相对于 UWB 信号而言）共同占用频谱，采用频谱共享的方式与现有通信系统共同使用频谱，以提高频谱利用率、缓解不断增长的业务需求与日渐匮乏的频谱资源之间的矛盾。

🔍1.1　超宽带无线通信的发展

近年来，国内外研究者对于超宽带技术与应用的研究仍处于上升阶段。超宽带技术在无线通信、雷达、跟踪、精确定位、成像、智能家居等众多领域具有广阔的应用前景[1]。特别是多子带脉冲超宽带系统的灵活性和速率可变性与宽带通信业务的多样性需求相吻合，且在无线通信网迅速发展、大量网络节点和终端不断涌现的背景下，混沌超宽带对系统参数的敏感性和随机性可以满足更大容量、更低能耗的绿色通信需求。

1886 年，海因里希·鲁道夫·赫兹在实验室中利用火花隙设备产生了一种辐射波即赫兹波，这是正弦波的来源，也是窄带通信的基础[2]。但是当时由于发射设备非常粗劣，理论上的正弦波发射出来的却是高达数百兆带宽的超宽带信号，这是最早的超宽带通信，也可以说是窄带通信的非理想情况。在之后的数十年，无线通信发展迅速，美国联邦无线电委员会（Federal Radio Commission，FRC）和联邦通信委员会（Federal Communication Commission，FCC）在无线通信方面制定了一系列的规范。例如，正弦波通信和窄带信号是需要授权的，未被滤波的火花隙辐射信号是被禁止的，这些规则让无线电信号走向了窄带化，并使早期的超宽带通信逐渐衰落。

有关脉冲通信的研究可以回溯到 20 世纪 40 年代，1942 年，Louis de Rosa 提出两项利用脉冲传递信号的专利申请，1945 年，Conrad H. Hoeppner 也提出了有关脉冲通信技术的专利申请。20 世纪 60 年代后期，Gerald Ross 和 Henning Harmuth 开始了脉冲传输系统主要部件和脉冲收发信机的设计。从 20 世纪六七十年代开始，脉冲技术主要用于非通信领域的商业应用方面，第一个超宽带无线通信专利于 1973 年获得批准。1978 年，Ross 博士论述了超宽带信号的产生、处理方法和特征分析等相关技术[3]。20 世纪 90 年代，随着通信技术的发展，人们对短距离、高数据率和多用户应用的需求明显增加。同时，大部分可用的频谱被注册使用，导致频谱越来越紧张，人们开始逐渐关注超宽带这项短距离的高数据率应用。1990 年，美国军方统一了"冲激""窄脉冲""无载波""大于相对带宽"等无线电技术，给出了"超宽带"的定义。随后，该项技术主要被用于美国军事方面，如用于战场防窃听。2002 年以前，其研究范围仅对与美国政府军队有合作关系或相关的企业、机关和团体开放。美国国防部在此期间大力发展 UWB 网络系统，并在此领域研发出几十种 UWB 可用系统，包括加密防窃听网络系统以及应用最广泛的超宽带雷达系统[4]。此后，随着 UWB 技术的发展和成熟，UWB 技术开始被用于民用方面。2002 年 4 月，FCC 发布了关于超宽带技术的"First Report and Order"，规定了超宽带无线通信可使用的频率范围为 3.1～10.6 GHz，并给出了这一范围内的平均发射功率限制，正式批准了 UWB 技术的商业应用[5]。3.1～10.6 GHz 频段段与 U-NII（Unlicensed National Information Infrastructure）频段重叠，因此常被分为高低两个频段，即低频段（3.1～5.15 GHz）和高频段（5.8～10.6 GHz），如图 1-1 所示，其中低频段主要用于低速低功耗的应用，高频段通常用于近距离的高速数据传输。FCC 对于商用 UWB 系统的规定，得到了世界范围的广泛认可。2003 年 12 月，由 IEEE 组织的对于 UWB 标准的讨论会在美国新墨西哥州举行，这次对于 UWB 标准的大讨论有两种相互竞争的标准，最终确立了两种方案：传统脉冲无线电方案（Direct-Sequence Ultra Wide-Band，DS-UWB）和多频带正交频分复用方案（Multi-Band Orthogonal Frequency Division Multiplexing，MB-OFDM）。鉴于其与传统信号相比具有传递的高效、安全等突出优势，UWB 技术逐渐成为无线通信的热门研究方向，以进一步发挥其在无线通信方面的巨大潜力。

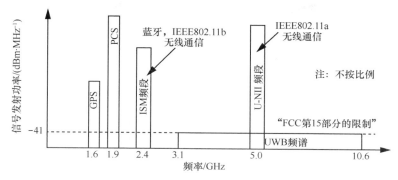

图 1-1 FCC 定义的室内可用超宽带频段

自此,超宽带技术特别是超宽带无线通信开始受到国内外学者的广泛关注。此外,他们还针对超宽带脉冲信号的设计方法、脉冲与混沌信号的结合、新环境下系统的灵活性等方面展开相关的研究。为了实现高速率的数据传输,充分利用 FCC 规划频段,2004 年,Paquelet 等[6-7]提出了多带脉冲超宽带(Multi-Band Impulse Radio Ultra Wide-Band,MIR-UWB)的系统结构,利用多个子带并行传输数据信息,证明了系统结构可以有效提高系统的数据传输速率。此后,很多国内外学者对该系统进行了改进和深入的研究。Mittelbach 等[8]修正了 MIR-UWB 系统模型,证明了传输速率可提高到 Gbit/s 量级。Hasan 等[9]和 Dehner 等[10]从多用户和干扰抑制的角度优化了该系统模型。Moorfeld 等[11]对采用 MPAM(M-ary Pulse Amplitude Modulation)的 MIR-UWB 系统进行了研究,提出了基于能量检测的幅度门限优化方法,但此方法受限于信道传输特性,且系统性能会随着进制数 M 取值的增大而降低。Dehner 等[12]对 MIR-UWB 系统和其他系统之间的共存性进行了研究。

针对超宽带系统脉冲波形的设计,国内多名学者进行了多方面的研究。吴宣利等[13-14]提出了一种基于正交小波的组合脉冲波形构造方法,可有效地减小多用户干扰并实现自适应频谱包络。徐玉滨等[15]提出了基于长球面波函数的双正交脉冲设计方法,实现了任意频点不同深度的陷波,可很好地抑制窄带干扰。沙学军等[16]采用半正定规划的方法设计了一组超宽带脉冲正交波形,可进一步增加正交波形的功率利用率,有效提高接收端的信噪比。宁晓燕等[17]提出了一种适用于认知超宽带无线电的自适应波形设计方法,采用高斯函数的加权叠加,利用权重值数组控制实现多个频段的陷波设计。常用的高斯脉冲及其导数的组合脉冲虽然满足辐射掩蔽要求和频谱利用率,但是计算量较大。上述的研究均是将超宽带可用频段作为整体进行脉冲设计的,虽然实现了与部分窄带系统的共存,但系统的频谱利用率和频谱使用灵活性依然受限。采用并行组合扩频数据调制解调的超宽带通信系统可提高通信的传输效率,但系统抗噪声性能受参数制约比较严重[18-19]。梁朝辉等[20]提出了基于正交小波脉冲极性和形状调制的通信系统,可同时传送多

3

位比特信息，提高了传输速率，但是该系统中只局限于两条子路的传输。在脉冲选择方面，组合脉冲可以通过调整参数规避干扰，因此具有更高的频谱利用率[21-22]。郭黎利等[23-24]提出了一种正交自适应脉冲设计方法，将可用频带进行自适应划分，可在不影响授权用户的前提下，通过出让部分频带的方式继续占用空闲频带，降低认知用户的中断率，提高系统的频谱利用率。齐琳等[25]提出了一种适用于MIR-UWB 系统的子带频谱划分方式，并对系统的误码率（Bit Error Rate，BER）性能进行了仿真和对比分析。MIR-UWB 方案可以提高系统的数据传输速率，还可以提高频谱资源利用的有效性并有效避开其他系统的干扰，虽然增加了系统实现的复杂度，但可采用非相关的能量检测接收机结构，对系统同步精度的要求有所降低。

目前，对于脉冲设计方案的研究多从频域幅值特性的角度出发，缺乏对脉冲基函数频域相位特性的研究，因此应从幅值和相位两个维度考虑基函数的加权叠加，设计多带多路正交并行传输脉冲超宽带（Multi-Band Multi-Channel Orthogonal Parallel Impulse Radio Ultra Wide-Band，MMOP-IRUWB）系统构架及其发射接收框架，论证系统的可行性并推导出系统在高斯信道中的误码率，然后与多带单路串行超宽带系统性能进行对比[26]。MMOP-IRUWB 方案可灵活地利用频谱资源，具有较高的频谱利用率，更重要的是其能够提高系统的数据传输速率、扩充系统的通信容量，同时有效地减少与其他系统的干扰，为高速无线数据传输提供了一种有效的实现方案。

由于 UWB 的诸多优点和广阔的应用前景，国内外学术界和产业界都争相研究 UWB 理论并研发 UWB 产品。在学术方面，国际上许多著名大学和研究机构都开展了超宽带技术的研究，有些还成立了专门的实验室，如美国南加州大学、美国加州大学伯克利分校、美国麻省理工学院在 2001 年就率先从美国国防部申请到了短距离超宽带通信系统的创新性研究项目。2002—2004 年，美国加州大学圣地亚哥分校、美国得克萨斯大学奥斯汀分校、美国斯坦福大学和芬兰奥卢大学等都启动了超宽带系统方面的研究项目。在产业方面，许多著名跨国公司，如 Intel、AT&T、IBM、SONY 等都开始了超宽带技术的研究。IEEE 于 2003 年 1 月正式开始制定基于 UWB 技术的高速 WPAN 物理层标准 IEEE802.15.3a，并于 2004 年成立了 IEEE802.15.4a 工作组，该工作组的目标是建立用于定位、无线传感器网络等低速率工业环境的无线通信标准，该标准在 2007 年正式公布并成为官方标准。2005 年 3 月，Intel 宣布完成了 MBOA 的物理层规范 1.0 版。同年 11 月，飞思卡尔半导体与海尔集团在北京展示了首款支持超宽带的液晶高清晰度电视机和数字媒体服务器。2006 年，Alereon、Artimi、Intel 等多家公司均推出了 UWB 芯片。2007 年，多家芯片公司推出符合 WiMedia 认证的 UWB 芯片。

我国在超宽带无线通信技术方面的研究主要以理论研究为主，产品开发为辅。

目前，许多高校和研究机构都在进行超宽带技术的研究和产品的开发。2001 年 9 月，国家高技术研究发展计划（"863"计划）批准了第一个超宽带预研项目，在个人通信领域设立了"超宽带无线传输技术的研究与开发"的子课题，研究 100 Mbit/s 的 IR-UWB 和 DS-UWB 系统。2003 年，我国发布了"超宽带无线通信技术研究与开发"课题，主要进行高速率的 IR-UWB 和 MB-OFDM 无线通信实验演示系统的开发[27-28]。国家自然科学基金委员会在 2003 年开始支持 UWB 研究项目，并于 2004 年发布了"超宽带高速无线接入理论的关键技术"课题申请指南，主要研究脉冲 UWB 的波形设计、调制技术、信道模型、信道估计和均衡技术、UWB 高速接入等相关理论和技术及该高速接入系统的演示验证[29-30]。2005 年 11 月，在江苏南京顺利召开的 UWB 无线通信技术研讨会中，由杨辉、汪洋等作了关于局域 UWB 室内多径信道特性的研究报告。2006 年，北京邮电大学"超宽带无线通信技术及其电磁兼容的研究"项目组与有关部门协作，首次代表中国向国际电联 ITU-R TG1/8 提交了有关 UWB 与 TD-SCDMA 电磁兼容的提案，并参与了 IEEE802.15.4a UWB 国际标准方案的制定及融合工作。2007 年，中国科技大学无线网络通信实验室承担了国家高技术研究发展计划（"863"计划）课题"超宽带 SoC 芯片设计及组网试验"。2010 年，我国首个自主研发的脉冲超宽带无线通信系统和网络应用示范系统在中国科学技术大学研制成功。在标准制定方面，为了更好地给我国超宽带技术提供良好的发展环境，在 2008 年 12 月和 2011 年 1 月，我国工业和信息化部无线电管理局分别发布了《关于超宽带（UWB）技术频率使用规定有关事宜的通知》和《关于发布超宽带（UWB）技术频率使用规定的通知》[31]，为我国 UWB 技术的发展扫清了障碍。随着移动网络技术的更新与进步及移动通信的升级，超宽带成了这场革命的主力。在过去的 20 年中，全球运营商不仅仅将目光锁定于语音业务，更关注于内容和应用。2015 年 9 月，在第二届华为全球超宽带高峰论坛（UBBF 2015）上，这些观点更被强化，高清视频成为运营商新一轮收入增长的源泉，要使高清视频能正常运转就必须使用超宽带。

因此，如何建立具有高速率、较高运行安全性及可靠性的 UWB 无线传输系统模型是 UWB 的一大研究方向。在系统设计方面，根据 IEEE802.15.3a 标准，超宽带被划分为脉冲和多频带两大主流。MB-OFDM-UWB 利用正交的子载波将待发送序列进行串并转换传输，提高信息速率，具有良好的抗多径特性，但是系统面临频偏和放大器线性要求较高的问题。

UWB 技术具有传统通信系统所没有的优势，但在广泛应用的同时也带来了新的问题。在 UWB 系统走向实用化的过程中，仍有许多关键技术及挑战需要面对。但随着通信网络的不断演进和网络终端的大量涌现，UWB 技术更需要人们坚持不懈地研究，才能步入更加快速的发展轨迹，更好地支持未来通信网的发展。

🔍 1.2 超宽带通信基本概念及实现方式

1.2.1 超宽带通信基本概念

超宽带通信指的是带宽比非常高的无线电通信。UWB 的定义最早来自 UWB 雷达系统，主要以发射极短的脉冲波形为基础，其核心是冲激无线电技术。2002 年，FCC 颁布了 UWB 的频谱规划，指出超宽带无线通信可使用的频率范围为 3.1～10.6 GHz，并规定在−10 dB 处的绝对带宽大于 500 MHz 或相对带宽大于 20%的信号为 UWB 信号。由此定义可知，超宽带是从频谱带宽的角度进行定义的，有绝对带宽和相对带宽两个指标。为了更好地理解这一概念，下面将进行简要说明。

绝对带宽是指上下限频率 f_H 和 f_L 之间的差值 $f_H - f_L$，为能量带宽。当 f_H 和 f_L 分别为信号功率比最大功率下降 10 dB 时所对应的上频率边界和下频率边界时，UWB 带宽定义为相对于最高辐射衰减 10 dB 后确定的频率范围，称为 10 dB 带宽。UWB 带宽定义如图 1-2 所示。

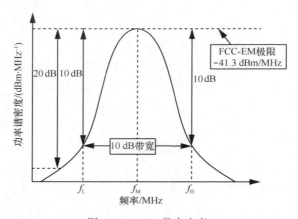

图 1-2 UWB 带宽定义

相对带宽是指能量带宽与上、下限频率的均值 $\dfrac{f_H + f_L}{2}$ 之比。相对带宽可表示为

$$\eta = \frac{B}{f_c} = \frac{f_H - f_L}{\dfrac{f_H + f_L}{2}} \tag{1-1}$$

其中，B 为绝对带宽，f_c 为中心频率。

香农信道容量公式为

$$C=B\mathrm{lb}\left(1+\frac{P}{N_0}\right) \tag{1-2}$$

其中，P 为信号功率，N_0 为高斯白噪声功率。

由式（1-2）可知，可以通过增加信号功率 P 或增加带宽来增大通信信道容量。综上可知，由于超宽带技术对于信号功率 P 有着严格的限制，因此只能通过增加带宽来获得高传输速率。

特别说明的是，FCC 规定了 UWB 系统在非授权频段（3.1～10.6 GHz）的 7.5 GHz 的带宽频率为 UWB 所使用的频率范围，这是基于与现有通信系统频谱共享的思想，以提高频谱利用率缓解频谱资源紧张的问题。为了使 UWB 系统和其他系统之间不产生干扰，并尽量降低它们之间的互扰，UWB 信号的有效各向同性发射功率（Effective Isotropy Radiated Power，EIRP）被严格地限制为不超过−41.3 dBm/MHz。室内 UWB 的具体通信频谱范围和功率限制如图 1-3 所示。

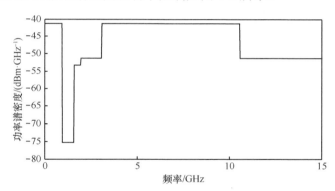

图 1-3　FCC 规定的辐射掩蔽模板

根据 FCC 规范制定的常见设备的功率极限值如表 1-1 所示。

表 1-1　FCC 制定的 UWB 设备的平均功率极限值

频率/GHz	室内 $\mathrm{EIRP_{mb}}$/dBm
0～0.96	−41.3
0.96～1.61	−75.3
1.61～1.99	−53.3
1.99～3.10	−51.3
3.10～10.6	−41.3
>10.6	−51.3

根据我国工业和信息化部的规范，UWB 发射信号的等效全向辐射功率谱密度限值和 UWB 无线电发射设备窄带杂散辐射限值如表 1-2 和表 1-3 所示。

表 1-2   我国制定的 UWB 发射信号的等效全向辐射功率谱密度限值

频率/GHz	限值/（dBm·MHz^{-1}）	检波方式
<1.6	−90	
1.6～3.6	−85	
3.6～6.0	−70	均方根（Root Mean Square, RMS）
6.0～9.0	−41	
9.0～10.6	−70	
>10.6	−85	

注：4.2～4.8 GHz 频段：截至 2010 年 12 月 31 日，UWB 无线电发射设备的等效全向辐射功率谱限值可以为−41 dBm/MHz。在此之后，该频段的 UWB 设备必须采用信号检测避让等干扰缓解技术，该技术的有效性应得到国家无线电管理机构的认定。

表 1-3   UWB 无线电发射设备窄带杂散辐射限值

发射机状态	工作	待机
48.5～72.5 MHz（测试带宽 100 kHz）	−54 dBm	−57 dBm
76～108 MHz（测试带宽 100 kHz）	−54 dBm	−57 dBm
167～223 MHz（测试带宽 100 kHz）	−54 dBm	−57 dBm
470～798 MHz（测试带宽 100 kHz）	−54 dBm	−57 dBm
30 MHz～1 GHz 内的其他频段（测试带宽 100 kHz）	−36 dBm	−57 dBm
1～40 GHz（测试带宽 1 MHz）	−30 dBm	−47 dBm

1.2.2   超宽带通信实现方式

超宽带是从频谱带宽的角度定义无线电信号的，没有指明相应的实现方式，因此有多种实现方式。迄今为止，超宽带无线电通信按实现方式可分为脉冲超宽带（Impulse Radio UWB，IR-UWB）和多频带超宽带（Multi-Band UWB，MB-UWB）。早期的 IR-UWB 系统采用高斯单周脉冲等无载波脉冲作为载体，信息是调制在窄脉冲上进行传递的。在 FCC 规定了民用超宽带系统功率辐射限制后，IR-UWB 得到了进一步的发展，除了要对脉冲进行调制外，为了形成所产生信号的频谱，还要使用伪随机序列对数据进行编码。FCC 公布的 UWB 定义并没有限制信号一定要用 IR 产生，因此其他非冲激脉冲方案也是可取的。为了提高频谱利用率，系统可以采用多带调制，这就提供了一个将传统无线电通信系统理论与 UWB 系统的优势相结合的机会。下面首先介绍脉冲调制方式。

（1）单脉冲调制

基本的数据信息调制方式有脉冲位置调制（Pulse Position Modulation，PPM）、脉冲幅度调制（Pulse Amplitude Modulation，PAM）、开关键控（On-Off Keying，OOK）、二进制相移键控（Binary Phase Shift Keying，BPSK）、数字脉冲间隔调制（Digital Pulse Interval Modulation，DPIM）、脉冲阶梯调制（Pulse Skipping Modulation，PSM）、多维双正交键控（Multiple Biorthogonal Orthogonal Keying，M-BOK）等[32]。

PPM 是一种改变脉冲时间的调制方式，这种方式在传统连续波调制中是没有的。以二进制 PPM 为例，当调制信息为"0"时，脉冲位置不变，脉冲间隔是脉冲重复周期；当调制信息为"1"时，脉冲出现一个远小于脉冲重复周期的偏移。PPM 信号波形如图 1-4 所示，其中 T_m 为脉冲持续时间，T_s 为脉冲重复周期。

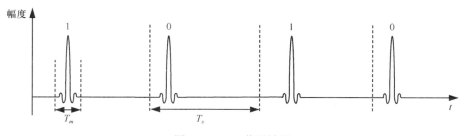

图 1-4　PPM 信号波形

PPM 的优点是信号的正交性很好，很适合多址和多进制调制。它的缺点是在 AWGN 信道下的误码率不能达到最优，信号间的欧氏距离比较小。此外，PPM 的符号间干扰（Inter Symbol Interference，ISI）比较严重，容易受到多径效应的干扰，为了减小 ISI，数据传输速率受到限制。

PAM 是一种把信息调制在脉冲幅度上的方式，脉冲的幅度随调制信息的变化而变化，而脉冲位置保持不变，脉冲间隔仍是 T_s。PAM 信号波形如图 1-5 所示。

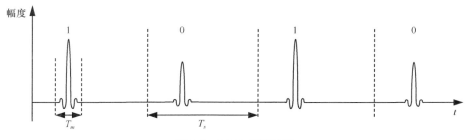

图 1-5　PAM 信号波形

PAM 的优点在于物理实现简单，只需要一个匹配滤波器和一个脉冲发生器，同时可以方便地采用多进制调制，便于改变数据速率。在接收端，PAM 可以使用非相干解调。但是 PAM 的缺点也很明显，除了误码率性能不是最好之外，它不适于在室内密集多径传输环境中传输，因为超宽带脉冲可能会受到信道衰落的影响。

OOK 调制信号波形如图 1-6 所示。OOK 是 PAM 的一种特例，当调制信息为"1"时，发射一个脉冲信号；当调制信息为"0"时，不发送脉冲信号。这种调制方式的系统结构非常简单，仅用一个射频开关就可以实现，适用于低复杂度的超宽带系统。但是当信号中出现连续的"0"时，系统会在相对较长的时间内不发射信号，接收端很容易丢失同步。

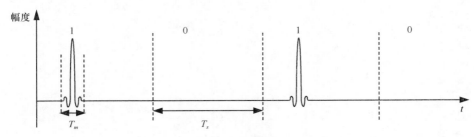

图 1-6　OOK 调制信号波形

与传统窄带通信类似，超宽带通信中也有二进制相移键控（BPSK），也称为二进制极性调制（BPM），它同样可以看成是 PAM 的一种特殊情况，当调制信息为"1"时，发射一个正极性的脉冲信号；当调制信息为"0"时，发射一个负极性的脉冲信号，调制信号波形如图 1-7 所示。

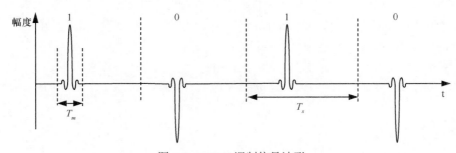

图 1-7　BPSK 调制信号波形

接收端可以采用匹配滤波器进行接收，相比于 OOK 调制，BPSK 调制以牺牲系统复杂度为代价，在误码率性能上有 3 dB 的改善。发射端需要产生正负两个脉冲，如果两个脉冲达不到一致，将影响匹配滤波器的解调效果，若由于两个脉冲的不同步导致脉冲间隙的改变，将会对信号频谱和接收端同步带来不利的影响。

DPIM 与 PPM 类似，都是通过改变脉冲的位置来传输信息的，不同的是 PPM 改变的是脉冲在一个周期内的绝对位置，DPIM 则通过改变相邻脉冲间的间隔来调制信息，脉冲周期在 DPIM 中是随数字信号变化的。DPIM 的传输速率较高且同步相对简单，只需要时隙同步，而不需要符号间同步。

PSM 通过改变脉冲波形来传输信息，通常采用正交的不同脉冲来实现调制，所以 PSM 可以使用多进制调制方式。通过给不同用户分配不同的脉冲波形可以实现多址通信，但是通信过程中脉冲波形的改变对 PSM 性能的影响很大，要求发射和接收电路具有良好的线性特性。在相同条件下，PSM 的误码率与 OOK 调制相同。

M-BOK 是一种正交调制方式，与 PSM 类似，但不同的是，它采用的是多个脉冲组成的正交脉冲串来调制数据，而不是单个脉冲。由于采用正交脉冲串编码，M-BOK 调制具有和编码类似的增益。

（2）多脉冲调制

IR-UWB 无线系统为了降低单个脉冲的幅度或提高抗干扰性能，同时扩展多用户应用，通常不再只对单个脉冲进行调制，而是采用多个脉冲传递相同的信息[33]。多脉冲调制过程分两步进行。第一步将每组脉冲内部的单个脉冲进行调制，也称为扩谱（Spread Spectrum，SS）。通常采用脉冲位置调制或脉冲极性调制，把采用脉冲位置调制的方式称为跳时扩谱（Time Hopping Spraed Spectrum，TH-SS）；把采用脉冲极性调制的方式称为直接序列扩谱（Direct Sequence Spread Spectrum，DS-SS）。第二步对每组脉冲进行整体调制，通常可以采用 PAM、PPM 或 BPSK 调制，也称为信息调制。因此可以得到 TH-SS PPM、DS-SS PPM、TH-SS PAM、DS-SS PAM、TH-SS BPSK 和 DS-SS BPSK 等多脉冲调制技术。下面以 TH-PPM UWB 和 DS-BPSK UWB 为例介绍多脉冲调制的系统结构。

TH-PPM UWB 系统结构如图 1-8 所示。TH-PPM 信号中所有脉冲都具有相同的极性，数据信息由脉冲的位置携带。在发射端，扩谱序列和信息序列共同决定调制符号的跳时输出，经脉冲发生器后进入多径无线信道。假设接收端已经同步，模板发生器在扩谱序列的控制下，产生本地匹配波形与接收信号经相关器相关后，通过积分器和比较器恢复出解调数据。TH-PPM UWB 系统通过扩谱码来提供所需要的多址能力，不同用户使用不同的扩谱码，在时间上避免了不同用户间的干扰，减小了多用户接入时信号间的冲突。在 UWB 技术研究初期，多使用 TH-PPM 方式，随着研究的深入，由于 TH-PPM 接收机对定时同步的要求非常高，目前工程应用中多采用 DS-BPSK 调制方式。

DS-BPSK UWB 系统通过扩谱序列来控制发射脉冲的极性，从而携带信息，系统结构如图 1-9 所示。与 TH-PPM UWB 系统直接引入扩谱序列不同，DS-BPSK UWB 系统中扩谱序列是通过乘法器引入的。不同的用户分配相互正交的扩谱码序列，利用扩谱序列间的正交性来削弱不同用户信号间的干扰，实现多址通信。

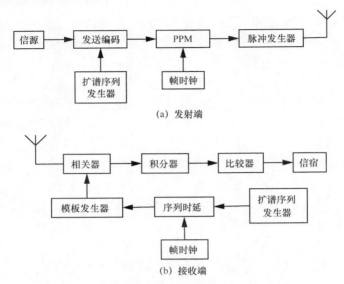

（a）发射端

（b）接收端

图 1-8　TH-PPM UWB 系统结构

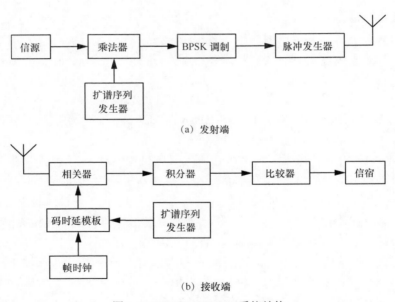

（a）发射端

（b）接收端

图 1-9　DS-BPSK UWB 系统结构

在直接序列超宽带系统中，接收端的抗干扰能力取决于多址扩谱码间互相关性的好坏，当不同用户信号到达接收端幅度相差较大时，码元间的互相关性就会变得很差，抗干扰能力下降，因此 DS 系统对远近效应的敏感度高于 TH 系统。实验结果表明，TH 系统的抗远近效应的能力要优于 DS 系统，随着干扰用户的增加，TH 系统的优势更加明显。但是随着数据传输速率的不断提高，信号的占空比不断增大，在这种情况下 TH 的优势已不再明显。

（3）多频带调制

多频带 OFDM UWB 基于传统的正交频分复用技术（Orthogonal Frequency Division Multiplexing，OFDM），与前面提到的脉冲调制方式的原理不同，它是一种载波调制技术[34]。根据 FCC 公布的 UWB 定义，带宽超过 500 MHz 的信号都是 UWB 信号，因此，可以将超宽带频谱范围（3.1～10.6 GHz）划分成若干个最小带宽为 500 MHz 的频带，通过多个正交的子载波信号累加成一个 UWB 信号。用户的数据可以在相邻时间区间内的不同子带上传输，从而使系统在不使用陷波滤波器的情况下，也可以避免特定频带上的非人为干扰。图 1-10 为 MB-OFDM 信号结构。与经典 OFDM 系统不同的是，超宽带 OFDM 方案对系统参数（如符号与循环前缀的长度、子载波间隔等）进行了较大改动，在保留了超宽带信号的无载波调制特性的同时，也克服了由窄脉冲带来的 A/D 转换困难，降低了对同步器件的要求，在很大程度上提高了系统性能。

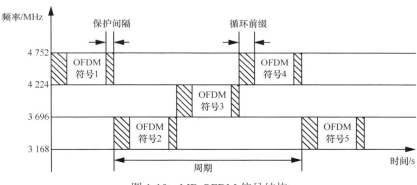

图 1-10　MB-OFDM 信号结构

OFDM-UWB 的标准化进程较慢，特别是在实现 MAC 层或更高层协议认证方面存在很大的难度，这是因为该方案的硬件复杂度较高且需要处理大量的额外数据，例如在发射端频率需要进行快速的转换等。本书主要的研究对象为 IR-UWB，以后章节不再涉及对 MB-OFDM 技术的讨论。

1.3　超宽带通信的特点

超宽带技术与传统通信技术不同，它占用很宽的频谱范围来传输数据，因此具有非常显著的优点。

（1）频谱资源共享

UWB 系统常用于短距离通信，它所占的频谱范围很宽，发射功率谱密度非常低，甚至低于 FCC 规定的电磁兼容背景噪声电平，因此超宽带系统对其他无线通信系统的干扰很小，仅相当于一个宽带白噪声，这使 UWB 系统可以和很多无线系统共同使用有限的频谱资源[35]。

（2）保密性好

与有线通信相比，无线通信的无线电波在空间中是开放性的传播，隐蔽性相对有线通信较差。而 UWB 系统发射的是占空比很低的窄脉冲信号，时域宽度通常在 1 ns 以下，频域带宽在 1 GHz 以上，平均功率很低，各种信号与环境噪声淹没了 UWB 信号，使敌方很难侦听到。而且由于信号持续时间极短，使信号的保密性更好，不易被截获。

（3）抗多径衰落

UWB 系统采用宽度为纳秒级的单周期脉冲且占空比极低，时间和空间分辨率都很强，当 UWB 信号时域宽度乘以信号传输速率的结果小于多径传输路径时，不同路径的脉冲在时域上就不会发生交叠现象[36-37]，因此系统的多径分辨率极高，通过分集接收可以获得很强的抗多径衰落能力。带宽超过 1 GHz 的 UWB 信号，能分辨出时延小于 1 ns 的多径信号，然后采用分集接收获得足够的信号能量，提高信噪比，从而改善通信质量。

（4）传输速率高

随着通信技术的发展，各种多媒体业务的无线网络对信息传输速率提出了更高的要求，信息速率不能低于 50 Mbit/s。常规无线电的数据传输速率不能满足高质量业务的需求，而 UWB 系统由于消除了多径效应的影响并采用上千兆赫兹的超宽带频带，因此即使把发送信号功率谱密度控制得很低，也可以实现高达 100～500 Mbit/s 的信息传输速率。图 1-11 为 4 种通信方式的传输速率对比。

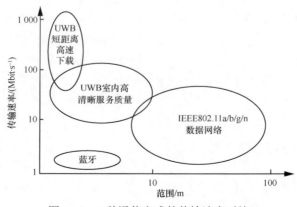

图 1-11　4 种通信方式的传输速率对比

（5）系统容量大

UWB 系统的用户数量远远高于目前的 GSM 和 CDMA 移动蜂窝系统，在一个小区内可支持的移动用户数目达到 1 万个以上，在支持下一代高容量无线通信系统方面具有很大的潜力。将来，类似无线以太局域网 IEEE802.11b 和短距离蓝牙通信技术，都可能被 UWB 所取代，这是因为 UWB 系统能够支持更多的用户，而且速度更快。

有研究表明，超宽带系统与其他通信系统在所容纳用户数上的对比如表 1-4 所示。

表 1-4　各类无线通信系统空间容量的比较

名称	单位面积的传输速率/（kbit·s^{-1}·m^{-2}）
IEEE802.11b	1
蓝牙	30
IEEE802.11a	83
HomeRF	50
UWB	1 000

（6）低功耗

UWB 系统的发射功率很低，可以使用小于 1 mW 的发射功率，这就大大延长了系统电源的工作时间。UWB 系统的功耗为 50～70 mW，只有移动电话的 1/100，蓝牙的 1/10。由于 UWB 系统采用占空比很小的窄脉冲进行通信，发射脉冲持续时间远小于脉冲重复周期，传输时的耗电量仅有几十毫瓦，因此 UWB 技术适用于各种电池供电的移动设备中。

（7）定位精确，穿透能力强

UWB 系统采用的窄脉冲信号具有很高的定位精度，在具有通信功能的同时，也具有定位能力。UWB 信号可以穿透树叶和建筑物外墙等障碍物，从而实现隔墙成像；与 UWB 信号相比，GPS 系统的工作范围仅局限于定位卫星的可视范围内。UWB 系统提供给用户的是相对位置，而 GPS 系统提供的是绝对地理位置。从价格上看，UWB 定位器成本更低。

（8）结构简单，系统成本低

由于采用无载波传输，UWB 系统的发射和接收设备不含复杂的射频转换电路和调制电路，系统一个芯片可以同时包含发生电路和调制电路，这不仅减小了系统复杂度，缩小了设备的体积，还从根本上降低了系统成本，在制造、运行和维护方面更加简单。

当然，UWB 通信也存在一些不可忽视的缺点，由于 UWB 脉冲在时域上持续时间很短，需要使用高速的模数转换器来对极窄脉冲进行采样，因此高频同步比较困难。此外，传统的频率选择性天线对宽带来说不能满足持续的幅值和群时延，因此需要选用体积大、成本高的宽带天线，不利于设计的小型化和低成本。FCC

标准限制了 UWB 信号的发射功率，导致信号覆盖范围缩小，当使用高增益的天线时，UWB 信号的覆盖范围可以达到 1 000 m 左右，但使用普通天线时只能达到 10～20 m 的覆盖范围。

🔍 1.4　超宽带通信的应用与监管

1.4.1　超宽带通信的应用

UWB 技术凭借在短距离传输范围内高数据传输速率的优势，成为多种应用的优秀候选技术。目前各种无线解决方案的速率均低于 100 Mbit/s，UWB 在短距离传输范围内可以在摆脱线缆束缚的同时打破这一限制，使通信更加方便。UWB 信号在低速传输下还具有穿透能力，可以隔墙成像、解救被围困在倒塌建筑物下面的人员，帮助警察搜寻逃犯，甚至防止汽车相撞等。此外，由于 UWB 信号利用了一个相当宽的带宽，功率谱密度很低，所以它能够与其他的应用共存。UWB 的主要应用集中在以下 4 个方面。

（1）智能无线数字家庭网络

家用的媒体服务器、机顶盒、显示器、数字摄像机及家庭网关等设备都需要高数据率、高服务质量的高速无线连接，以实现数字娱乐应用。UWB 既支持近距离高速率传输，又支持中远距离低速率传输，可以支持家庭网络所涉及的各种业务，同时 UWB 信号的功率谱密度非常低，易于实现和其他设备、系统的电磁兼容。所以超宽带无线通信网络可以很好地满足构建未来智能家庭网络的需求[38-39]。

（2）无线传感器组网

利用 UWB 低成本、低功耗的特点，可以将 UWB 用于无线传感器网络[40]。在大多数的应用中，传感器被用在特定的局域场所，传感器通过无线的方式而不是有线的方式传输数据。无线传感器网络是由一组传感器节点以 Ad Hoc 方式构成的无线网络，其目的是协作地感知、采集和处理传感器网络覆盖的区域中被感知对象的信息，并发布给观察者。UWB 技术的低成本和低功耗特点使它的电池使用时间更长，进而成为无线传感器组网的最佳候选技术。

（3）高速数据传输

UWB 在高速数据传输方面的应用主要有两个方面：一个是普通意义上的高速数据传输，即在有限的空间内同时激活多个 UWB 设备，以 100～500 Mbit/s 的速率在 10 m 之内进行传输；另一个是极高速的传输，速率可高达数 Gbit/s，但仅有几米的传输距离。后者主要应用于 PC 机与其周边设备之间建立高速无线连接。

这样，在个人便携设备上就可以从互联网或局域网上实时下载大量的数据，而不必局限于保存在个人终端中。UWB 设备结构简单、灵活性高、便于携带，在任何地点都可以接入当地的 UWB 网络，利用当地的设备如电视、电脑等，构成一台属于自己的多媒体计算机。

（4）定位成像应用

由于 UWB 具有良好的穿透墙和楼层的能力，因此可以穿透数层墙壁进行通信、成像和定位[41-43]，制造各种穿墙或穿地雷达。其中穿墙雷达主要应用于战场和防暴行动中，穿地雷达主要应用于探测矿产或搜寻灾难后幸存者中。UWB 技术也可以应用于医疗系统中，制造不使用 X 射线的透视成像设备。

1.4.2　超宽带通信的监管

（1）FCC 的发射限制

为了使超宽带系统不影响现有无线业务的正常运行，FCC 规定了超宽带的使用带宽和最大辐射功率，即超宽带脉冲可以使用从 3.1～10.6 GHz 的大带宽，但是其最大功率谱密度不得高于–41.3 dBm/MHz。

（2）通信设备

对于通信设备，FCC 已经分配了不同的室内和室外超宽带设备的发射限制。室外设备的频谱掩模低于室内设备 10 dB，在 1.61～3.1 GHz 范围内。根据 FCC 的规定，室内 UWB 设备必须由手持装置组成，并且它们的活动范围应限制在建筑物内部端到端的操作。此外，FCC 还规定，没有固定的基础设施的应用模式可用于室外环境中的超宽带通信。因此，室外超宽带通信被限制在手持设备上，可以将信息发送给相关的接收器。

参 考 文 献

[1] HEWISH M, GOURLEY S R. Ultra-wideband technology opens up new horizons[J]. Janes International Defense Review, 1999, 2: 20-22.

[2] SIWIAK K, MCKEOWN D. 超宽带无线电技术[M]. 张中兆等译. 北京: 电子工业出版社, 2005.

[3] BENNETT C, ROSS G. Time-domain electromagnetics and its applications[J]. Proceedings of the IEEE, 1978, 66(3): 299-318.

[4] TAYLOR J D. Ultra-wideband radar technology[M]. CRC Press, 2001.

[5] E T Docker No.98-153, FCC 02-48, Revision of part 15 of the commission's rules regarding ultra-wideband transmission systems[S]. USA: Federal Communications Commission, 2002.

[6] PAQUELET S, AUBERT L M. An energy adaptive demodulation for high data rates with

impulse radio[C]//IEEE Conference on Radio and Wireless. 2004: 323-326.

[7] PAQUELET S, AUBERT L M, UGUEN B. An impulse radio asynchronous transceiver for high data rates[C]//International Workshop on Ultra wideband Systems and Technologies. 2004: 1-5.

[8] MITTELBACH M, MOORFELD R, FINGER A. Performance of a multiband impulse radio UWB architecture[C]//The 3rd Conference on mobile Technology, Applications and Systems. 2006: 1-6.

[9] HASAN A, ANWAR A, MAHMOOD H. On the performance of multiuser multiband DS-UWB system for IEEE 802.15.3a channel with hybrid PIC rake receiver[C]//International Conference on Computer Networks and Information Technology. 2011: 65-69.

[10] DEHNER H U, JAKEL H, BURGKHARDT D, et al. Treatment of temporary narrowband interference in non-coherent multiband impulse radio UWB[C]//15th IEEE Mediterranean Electrotechnical Conference. 2010: 1335-1339.

[11] MOORFELD R, FINGER A. Multilevel PAM with optimal amplitudes for non-coherent energy detection[C]//International Conference on Wireless Communications & Signal Processing. 2009: 1-5.

[12] DEHNER H U, LINDE M, MOORFELD R, et al. A low complex and efficient coexistence approach for non-coherent multiband impulse radio UWB[C]//IEEE Sarnoff Symposium on Communication, Networking & Broadcasting. 2009: 1-5.

[13] 吴宣利, 沙学军, 张乃通. 基于正交小波的新型超宽带脉冲波形构造方法[J]. 南京邮电大学学报(自然科学版), 2006, 26(2): 12-16.

[14] 吴宣利, 沙学军, 张乃通. 脉冲超宽带系统中波形设计方法的分析与比较[J]. 哈尔滨工业大学学报, 2009, 41(1): 1-6.

[15] 徐玉滨, 王芳, 沙学军. UWB 通信系统双正交 PSWF 脉冲波形设计[J]. 哈尔滨工业大学学报, 2007, 39(1): 81-84.

[16] 沙学军, 邱昕, 王利利. 超宽带正交脉冲波形设计[J]. 哈尔滨工程大学学报, 2008, 29(7): 718-722.

[17] 宁晓燕, 沙学军, 王利利. 认知超宽带无线电自适应波形设计算法[J]. 哈尔滨工程大学学报, 2009, 30(12): 1420-1424.

[18] 齐琳, 郭黎黎. 并行组合扩频非等概超宽带系统误码率性能研究[J]. 系统工程与电子技术, 2011, 33(3): 659-664.

[19] QI L, GUO L L. Performance studies of improved PCSS UWB communication system based on TH MPPM[C]//The 2nd International Conference on Electronics, Communications and Control. 2012: 2011-2014.

[20] 梁朝晖, 杜洪峰, 周正. 基于正交脉冲波形的高速超宽带通信系统[J]. 通信学报, 2005, 26(10): 84-88.

[21] 李育红, 周正. 超宽带无线通信技术的新发展[J]. 系统工程与电子技术, 2005, 1(27): 20-25.

[22] 陈侃, 刘玉梅. 基于多频带 APSWFS 组合的超宽带脉冲波形设计[J]. 应用科技, 2009, 36(12): 29-32.

[23] 郭黎利, 赵冰, 姜晓斐. CUWB 系统的正交自适应脉冲设计及性能分析[J]. 华南理工大学学报, 2011, 39(2): 46-50.

[24] 郭黎利, 赵冰, 姜晓斐. 认知超宽带多频带自适应脉冲设计[J]. 哈尔滨工程大学学报, 2011, 32(6): 825-829.

[25] 齐琳, 李超, 窦峥. 并行组合脉冲 MIR-UWB 通信系统建模与仿真[J]. 北京邮电大学学报, 2016, 39(1): 74-78.

[26] ZHAO B, WANG Z F, DING Q, et al. Optimizing multiband orthogonal transmission of low-energy and efficient cognitive ultra wideband system[J]. Journal of Information Hiding and Multimedia Signal Processing, 2016, 7(2): 409-418.

[27] 李育红, 毋燕燕, 周正. 基于 QPSK 调制的高速 UWB OFDM 系统性能分析[J].无线电工程, 2005, 35(10): 13-15.

[28] 徐斌, 毕光国. UWB-OFDM 系统的实现结构[J]. 电子学报, 2004, 32(12A): 157-160.

[29] 陈铁军, 仇洪冰. 超宽带通信视频演示系统设计[J]. 计算机工程, 2008, 34(13): 218-220.

[30] 郑继禹, 林基明, 仇洪冰. 超宽带多址通信信号的功率谱分析[J]. 电子学报, 2003, 31(10): 1575-1577.

[31] 工业和信息化部. 超宽带（UWB）技术频率使用规定[2008]354[S]. 2018.

[32] GUVENC I, ARSLAN H. On the modulation options for UWB system[C]//IEEE Military Communications Conference. 2003: 892-897.

[33] [意]Maria-Gabriella Di Benedetto, Guerino Giancola. 超宽带无线电基础[M]. 葛利嘉, 朱林, 袁晓芳, 等, 译. 北京: 电子工业出版社, 2005.

[34] 李育红, 葛宁, 陆建华, 等. 基于不同调制技术的多频带 UWB-OFDM 系统性能比较[J]. 系统仿真学报, 2008, 20(7): 1695-1699.

[35] 徐晓萍, 王春军. 超宽带无线电信号与其他无线通信系统的共存性研究[J]. 计算机科学, 2009, 36(4B): 135-138.

[36] 王勇, 李振强, 于大鹏. UWB 信号多径性能分析[J]. 无线电工程, 2004, 34(9): 43-45.

[37] 宁晓燕, 沙学军, 林迪, 等. 脉冲超宽带系统多径干扰分析[J]. 吉林大学学报, 2009, 39(6): 1672-1676.

[38] NAKAGAWA M, ZHANG H G, SATO H. Ubiquitous home links based on IEEE 1394 and ultra wideband solutions[J]. IEEE Communications Magazine, 2003, 41(04): 74-82.

[39] 张聪, 申敏. UWB 技术及其在家庭网络中的应用[J]. 通信技术, 2008, 41(6): 210-212.

[40] 韩培培, 张申, 张永政. 超宽带无线传感器网络性能分析[J]. 传感器与微系统, 2009, 28(2): 30-34.

[41] 肖竹, 王勇超, 田斌, 等. 超宽带定位研究与应用: 回顾和展望[J]. 电子学报, 2011, 39(1): 133-141.

[42] GEZICI S, TIAN Z, GIANNAKISI G B. Localization via ultra-wideband radios-a look at positioning aspects of future sensor networks[J]. IEEE Signal Processing Magazine, 2005, 22(4): 70-84.

[43] DARDARI D, FERNER U J, CONTI A; et al. Ranging with ultra wide bandwidth signals in multipath environments[J]. Institute of Electrical and Electronics Engineers, 2009, 97(2): 404-426.

第 **2** 章
认知无线电技术

近年来，随着各种新的无线通信技术的不断涌现和使用，以及各种无线业务的不断扩充和丰富，人们对频谱资源的需求越来越多，然而可供利用的频谱却越来越少。认知无线电（Cognitive Radio，CR）技术作为一种解决频谱短缺、提高频谱利用率的有效方法，其概念得到世界各国频谱管理部门和学术界及产业界的广泛关注，很多学者、院校和机构都加入认知无线电技术的研究中，开展了许多不同方向的研究项目。

2.1 频谱资源现状

目前，导致频谱资源紧缺的原因有两个：一是无线用户的数量急剧增加，二是采用了无线频谱资源固定分配策略。目前，频谱资源采用的是由政府管理部门统一管理和分配的静态分配策略，总的频谱资源被划分成授权频段和非授权频段，其中授权频段占据了绝大多数的频谱资源，非授权频段仅占据很少的一部分频段。在这种管理模式下，某一无线通信业务向频谱管理部门提交频谱占用申请，在对其资格验证合格后，国家频谱管理机构会以发放执照的方式对该通信业务进行授权。获得授权的无线业务被称为授权用户，它可以合法地使用该段频谱资源并持有该频段的长期专有使用权，其他未经授权的无线业务均无权接入，如果未授权用户使用了授权频段将被视为非法行为，最终被取缔。在非授权频段内，各种无线业务不需要申请，可以在一定的规则下，以竞争的方式共享该段频谱。国际无线电规则将现有的各类无线电应用划分为 41 种不同业务，其中包括 20 种空间无线电业务和 21 种地面无线电业务，此外，还规定了涉及工业、国防、科学、医疗设备等重要领域的授权使用频段。目前很多国家都已将本国可用的大多数可用频谱分配完毕，很难找到新的、连续的大段频谱分配给新的业务。

我国无线电频率的使用在中高频段无线业务众多，且频段利用率不均。2018 年

2 月 7 日，我国工业和信息化部公布了工业和信息化部令第 46 号《中华人民共和国无线电频率划分规定》：自 2018 年 7 月 1 日起施行，对业余业务、卫星无线电导航业务、卫星水上移动业务、卫星移动业务、空间研究业务、水上移动业务、卫星航空移动业务、航空移动业务、卫星固定业务、卫星地球探测业务、无线电定位业务等进行修订，同时废除 2013 年 11 月 28 日公布的工业和信息化部令第 26 号[1]。

在 FCC 公布的无线电频率划分情况中，虽然有相当广泛的无线电频率范围（3 kHz～300 GHz）可以被各种无线业务使用，但受限于无线通信技术的发展水平，主要的无线电设备仍然在 50 GHz 以下的频段内工作，且一些常用的频段区域内安排了多种无线电业务[2]。因此，随着频谱需求的增大，可用频谱资源的稀缺日益明显。

在频谱资源日益紧缺的同时，也存在着严重的频谱浪费，FCC 在 2003 年出版的频谱政策任务组撰写的报告中指出[3]，在已授权分配的频段中，绝大多数的频谱利用率仅为 15%～85%，而 3～6 GHz 的频谱利用率甚至不到 0.5%，各种无线系统的总频谱利用率在 10% 以下，绝大部分的授权频谱没有被充分地利用。图 2-1 为 FCC 在某一时间对美国纽约的频谱使用情况的测试结果，结果表明不同频率的频谱使用情况严重不均，不同地点的频谱使用情况也不尽相同，即使在同一地点，不同时间段内的频谱使用情况也存在很大差异。有限的频谱资源和低的频谱利用率导致无线通信业务的发展受到限制，因此需要一种新的通信方式对现有的频谱资源进行二次开发利用[4]。

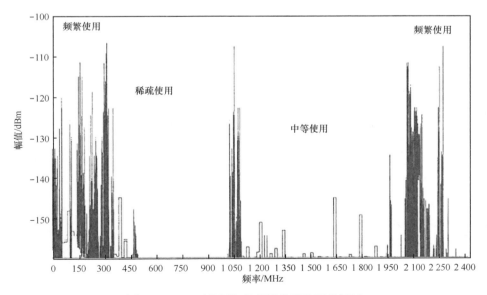

图 2-1　FCC 对美国纽约频谱使用情况的测试

无线频谱的管理存在两方面突出的矛盾：频谱资源紧缺，而频谱利用率却很低。造成这种现象的原因主要有两个：授权用户不总是占用整个授权频段，有部分频段处于闲置状态；授权用户的业务量较小，在较长的时间段内没有使用授权频段。伯克利无线研究中心对频谱实际使用情况所做的调查同样验证了这一点，如表 2-1 所示。

表 2-1　伯克利无线研究中心对频谱使用率的实测数据

频率/GHz	使用率
0～1	54.40%
1～2	35.10%
2～3	7.60%
3～4	0.25%
4～5	0.13%
5～6	4.60%

从表 2-1 中可以看出，频谱资源的使用存在着严重的不平衡，3 GHz 以上的频谱使用率极低，其中 3～4 GHz 频谱使用率只有 0.25%，4～5 GHz 频谱使用率也只有 0.13%，70%以上的已分配频谱资源没有得到充分利用。因此，频谱资源并非已经真正的匮乏，而是目前不合理的固定频谱分配策略导致频谱的利用率低。上述分析表明，无线通信系统是一个动态的、变化的系统，不同用户和业务对频谱的需求是随时间的变化而改变的，静态的频谱管理模式显然无法使频谱资源得到充分的利用。如何使频谱的分配和接入方式具有灵活性和自适应性，从而实现频谱的共享和再利用成为目前研究的热点。

认知无线电技术的出现为上述问题的解决提供了可能。认知无线电技术是一种智能无线通信技术，通过感知周围无线发射环境，运用"理解-构建"的方法学从环境中获取传输信息，并通过改变自身传输参数来适应频谱环境的变化，以"机会接入"的方式占用空闲频谱。虽然认知无线电技术与超宽带技术采用的接入方式不同，但是它们的核心思想是相同的，都是采用频谱共享的方式与现有通信系统共同使用频谱，缓解不断增长的业务需求与日渐匮乏的频谱资源之间的矛盾。

2.2　认知无线电技术研究现状

CR 的概念是由瑞典皇家技术学院的博士 Mitola[5]于 1999 年在 IEEE Personal Communications 杂志上首次提出的，是对软件无线电的进一步扩展，Mitola 在随后的博士论文中从应用层的角度给出了认知无线电的详细描述。在 CR 被提出后不久，2002 年，德国 Karlsruhe 大学 Jondral 教授的研究团队提出了频谱池（Spectrum Pooling）的概念，并进行了深入研究，他们的研究成果将 CR 技术从概念和思想的讨论层面推进到具体实现的研究阶段[6-10]。世界各国的频谱管制部门、标准化组织、研究机构和行业联盟也纷纷开展相关的研究。CR 技术对无线频谱固定分配制度提出了挑战，对此，一些频谱管制部门（如 FCC 等）给予了积极支持。FCC 和弗吉尼亚理工大学的 Rieser 博士也分别从不同的角度给出了认知无线电的定义[11]。2002 年 12 月，FCC 指出非授权频段设备应具备能够识别未占用频段的能力；2003 年 8 月，软件无线电论坛开始探讨放松当前严格的频谱划分政策的可能性，研究利用智能无线电设备提高频谱利用效率的方法；2003 年 11 月，FCC 提出了新的量化和管理干扰的指标值；2003 年 12 月，FCC 公布了《使用认知无线电技术促进频谱利用的通知》，就《FCC 规则第 15 章（FCC Rule Part15）》（相当于美国的电波法）进行了修订，并正式成立了认知无线电工作组；2004 年 5 月，FCC 发布通知，允许非授权用户以机会接入的方式使用 54~862 MHz 的 TV 广播频段内操作；2005 年 10 月，FCC 正式批准了关于引入认知无线电技术，使用认知无线电设备的法规。FCC 认为，目前最适合应用认知无线电技术的是 UHF 中分配给电视广播业务的 6 MHz 频段。因为目前该频段在美国利用率很低，通过允许其他免许可设备使用这个频段，不仅可以提高频谱利用率，还可以推广宽带无线接入业务，而且这个波段传播距离远，适合为偏远地区提供服务，可以促进美国社会的宽带普及。FCC 还认为，认知无线电技术还可以在高频率频段发挥作用，如 100 GHz 以上的频段在美国的使用率只有 5%～10%。此外，一些标准化组织开始研究认知无线电技术，并先后制定了系列标准以推动该技术的发展。2004 年 11 月，IEEE 正式成立了第一个世界范围的引入 CR 概念的空中接口标准化组织——IEEE802.22 工作组，IEEE802.22 也被称为无线区域网络（Wireless Regional Area Network，WRAN），该工作组制定了利用空闲电视频段进行宽带无线接入的技术标准[12]，系统工作频段为 54～862 MHz VHF/UHF 频段上未使用的 TV 信道，工作模式为点到多点。WRAN 设备的关键是不需要频率许可，与电视等已有的主用户共存。IEEE 802.22 标准工作组于 2005 年 9 月完成了对 WRAN 的功能需求和信道模型文档，从 2006 年开始对各个公司提交的提案进行审议和合并，并于 2006 年 3 月形成了最终的合并提案作为编写标准的基础[13]。作为全球第一个将 CR 技术由概念变成现实的标准，它对 CR 技术的发展具有里程碑式的意义。

由于无线城域网 WiMAX 缺乏可用频段，IEEE 专门成立了致力于解决 WiMAX 网络同其他网络共存问题的 IEEE802.16h 工作组，利用认知无线电技术使 WiMAX 适用于 UHF 电视频段，并使 IEEE802.16 系列标准可以在免许可频段获得应用。为了进一步研究认知无线电，IEEE 于 2005 年成立了 IEEE1900 标准组，进行与下一代无线通信技术和高级频谱管理技术相关的研究，该工作组对于认知无线电技术的发展及其与其他无线通信系统的共存有着非常重要的作用。国际电信联盟（International Tele communication Union，ITU）也在研究与 CR 类似的频谱共享技术。

随着 CR 技术研究的深入，国外一些研究和开发项目也取得了相应的成果，其中有代表性的成果介绍如下。2003 年，美国雷声公司从美国国防部高等研究计划署接下的下一代通信计划 XG。XG 计划设计了动态频谱管理系统的原型，目标是将频谱利用率提高 10～20 倍，XG 网络也叫动态频谱接入网络和认知无线电网络，能够使多个用户通过自适应机制共享频谱，通过各种不同的无线架构和动态频谱接入技术给移动用户提供高的带宽，XG 工作完成了对 XG 网络架构的描述，对 XG 网络的一些功能，如频谱感知、频谱管理、频谱共享进行了详细的讨论，并对上述功能对上层协议的影响进行了框架性的研究[14]。XG 现场测试采用了 3 个主要的测试标准：不造成有害干扰，组网和维护网络通信的能力，频谱利用率的提升。文献[15]提供了详细的 XG 外场测试情况和所测得的性能指标。2005 年，荷兰的国家资源计划免费频段通信（Free Band Communication）项目中的自适应自组网免费频段通信（Adaptive Ad Hoc Network Free Band Communication，AAF）项目利用认知无线电技术对应急网络（火灾现场、空难急救现场等）进行研究，包括节点对应急环境中频谱的有效利用方法和相应的自组网通信协议设计。AAF 对认知无线电网络中物理层、数据链路层和网络层协议的设计内容提出了基本要求，包括通信业务要求和功能业务要求[16-17]。维吉尼亚工学院的无线通信技术中心（Center for Wireless Telecommunication，CWT）主要关注基于遗传算法的认知模型的研究及认知无线电节点引擎实验床的研发。美国新泽西州立大学的 WINLAB 研究中心主要研究认知无线电算法和无线频谱的开放使用。美国加州大学伯克利分校 Brodersen 教授的研究组提出的 COVUS 系统[18]，利用 CR 和频谱池技术构造虚拟的免授权频谱系统，为授权用户和 CR 用户提供频谱共享系统，项目组还建立了伯克利仿真平台（Berkeley Emulation Engine 2，BEE2）[19]，对各种频谱检测技术和算法进行实验仿真和性能分析。由欧洲通信协会提出的在移动环境中提供 IP 服务的动态无线电工程——DRiVE/Over DRiVE 项目，主要研究通过一个公共信道在异构的多无线电网络中进行动态频谱分配和流量控制[20]。很多国际无线设备厂商如 Intel、TI 等公司也很关注 CR 技术的发展，部分公司还研发了有关 CR 的初级产品，如美国 Adapt4 公司出产的 XG 系列芯片，该芯片通过利用自身的自适应协议技术来管理时间、空间、频率和功率以提供可靠的通信链接。基于 CR 的频率使用技术被提出并应用到 IMT-2020(5G)研究方案中，推动了认知无线电技术的发展，并被广泛应用到许多交叉领域进行相关研究[21]。例如，基于认知无线电思想的 5G 多网融合[22]、基于认知无线电的航空航天通信[23]、基于认知无线电的卫星通信以及基于认知无线电通信的智能电网等交叉研究[24-25]。不过目前关于 CR 产品的实现仍停留在初级阶段，通常是针对特定的环境和特定的频段，距离 CR 的大规模商用还有一段距离。

　　近几年来，我国的很多高校、研究机构、运营商和厂商也纷纷开始关注认知无线电技术。2005 年，国家高技术研究发展计划（"863"计划）首次支持了无线认知网络关键技术的研究。同年，华为公司与电子科技大学展开了对 CR 相关技术研究的合作，并成为 IEEE802.22 和 IEEE802.16h 工作组的成员，参与 IEEE 关于动态频谱接入和 CR 相关标准的制定，赞助 Cognitive Radio Oriented Wireless Networks and Communications 2008 等与 CR 有关的会议。从 2007 年开始，我国开始了 CR 测试平台的研究，国内多所高校都在进行 CR 测试平台和仿真平台的构建。2008 年 5 月，北京邮电大学主办了中欧 CR 系统工作会议，为中欧在该领域提供一个交流平台，推动了中欧在该领域的交流合作。北京邮电大学无线新技术研究所在大会上展示了用于认知网络的认知导频信道系统演示模型，该演示平台成功实现了网络信息收集、网络信息广播、终端网络选择的全部过程。2008 年，国家自然科学基金启动了对 CR 相关技术研究的立项支持，国家重点基础研究发展计划（"973"计划）也设立了"认知无线网络基础理论与关键技术研究"项目，包括基于 CR 的工业无线网络设计理论与优化方法和无线频谱环境认知理论等[26-28]。2009 年，国家自然科学基金继续在重点领域对 CR 技术的研究给予资金支持。2009 年 1 月 9 日，由国家自然科学基金委员会主办、北京邮电大学承办的国家自然科学基金委员会 CR 领域重点项目群启动会，在北京邮电大学召开，会议的目的是加强项目之间的交流，实现在 CR 领域更大的突破，使我国在本领域有更高的话语权。次日，北京邮电大学又举办了以张平教授为首席科学家的"973"计划项目"认知无线网络基础理论与关键技术研究"的启动会，该项目旨在为我国认知无线网络基础理论与关键技术领域的研究提供新的思想和方案。2013 年，"宽带中国战略"把频谱共用技术共享方式添加到相应的政策中。中国移动也开展了对 CR 的研究，一方面测量中国现有频谱使用的情况，为理论研究提供数据支持；另一方面进行包括频谱管理策略、系统和协议框架、动态频谱分配机制和频谱感知机制的理论研究。软件定义无线电（Software Defined Radio，SDR）作为认知无线电的基础，已经开始进入实质应用阶段。华为、中兴等公司很早就在一些网络设施上使用了 SDR 技术。北京威视锐科技有限公司面向不同应用场景生产出全系列 SDR 平台，加快下一代无线通信系统的验证，它生产的 Sora SDR 平台是一种高性能和实用性的软件无线电平台，而 Yun SDR 平台则是专为学校进行科研和教学实验而研制的便携式软件无线电平台。在频谱管理部门、标准化组织及国内研究机构的共同推动下，CR 技术从理论研究进入实际应用，已经在 CR 基础理论、频谱感知、数据传输功率、通信协议和网络架构、CR 原型开发以及与当前通信系统融合等多个领域获得了可观成果。但是由于 CR 是一门新兴的技术，存在频谱管理政策目前还尚未完全开放、当前技术还不成熟和授权用户通信质量保护等问题，目前各个国家还没有广泛推行 CR 系统，因此 CR 在投入实际应用的过程中也遇到了一些障碍，但某些国家已经基于 CR 理论试运行了频谱共享方案。

目前，基于 CR 技术的新一代通信系统的研究开发与实践应用符合我国加快新一代信息技术与制造业深度融合为主线，以推进智能制造为主攻方向的重大战略的实施，为我国社会经济可持续发展、未来通信网络安全奠定必要的技术基础。此外，CR 技术的研究将带动跨专业跨学科相关研究方向之间的合作与协同发展，提供新的发展机遇、发展空间和发展动力，极大地促进产品创新，加速形成具有自主知识产权的研究成果。

2.3 认知无线电系统概念

随着认知无线电技术的不断发展，关于认知无线电的定义及其功能的认识存在不同的观点，其中具有代表性的是 Joseph Mitola、Simon Haykin 及 FCC 的观点，它们各有侧重，但又恰恰相互补充。1999 年，Joseph Mitola 提出了认知无线电的概念，短短几年，认知无线电技术受到了许多工业组织、大学、研究中心、企业的支持和推进。

Mitola 在 2000 年的博士论文中详细描述了 CR：无线数字设备和相关的网络在无线资源与通信方面具有充分的计算能力，用以探测用户的通信需求，并根据探测结果给用户提供最合适的无线电资源和无线业务，这被认为最终会演进成一个扩展的软件无线电平台，一个能够根据网络或用户要求完全重新配置通信功能、参数的无线黑盒子。Mitola 提出的 CR 定义是基于 SDR 的智能化无线通信系统，并借助 SDR 的平台和设计方法来实现自身的功能，它使 CR 具有更加智能化的工具。Mitola 的主要思路是通过一种"无线电知识表示语言（Radio Knowledge Representation Language，RKRL）"使无线通信终端能够实时感知外部频谱环境中的空闲频谱，智能地进行信息分析、算法学习、推理及方案规划，并通过自适应地调整通信参数，来适应无线频谱环境的变化，获得合理利用空闲频谱资源的能力，以此来提高个人无线通信业务的灵活性。系统认知功能的实现主要在应用层或是更高层，缺乏具有认知功能的物理层和链路层体系结构的有效支撑。

　　Mitola 的原始定义有很多演绎，但大部分演绎都太不实际。更为一般的定义是将无线电的认知功能与无线环境紧密联系到一起，这里列出比较具有代表性的定义。

　　著名通信理论专家 Haykin 教授在 2005 年从通信角度给出认知无线电的一种定义：认知无线电是一个智能无线通信系统，它能自动地感知周围无线电环境，通过对环境的理解和主动学习，实时地调整内部无线电参数以适应外部环境变化，在不对授权用户造成干扰的情况下利用其空闲频谱资源进行通信[29]。Haykin 教授定义的认知无线电不仅具有随时随地提供高可靠性通信的潜能，还具有在不影响其他授权用户的前提下有效地利用大量空闲频谱的功能。

　　另一种观点是弗吉尼亚理工大学的 Rieser 博士提出的，他认为 CR 不一定需要 SDR 的支撑，并提出了一种以遗传算法的生物启发认知模型为基础的 CR 系统体系，通过硬件控制方案实现一个 CR 演示平台，更强调系统的认知功能主要在传统无线电系统的物理层和 MAC 层。这种模型更适用于快速部署的灾难恢复系统，但只考虑了单个 CR 节点的操作，没有考虑到 CR 节点在网络中的行为。

　　针对 CR 研究中存在的多种描述，美国 FCC 给出了一个相对简化的定义。2003 年，FCC 对 CR 的定义如下：认知无线电是一种自适应性质的无线电，它具有与外部的无线电通信环境进行实时互动，并依据互动结果修正发射机端传输参数的能力。认知无线电作为一种新型无线电，通过在频带上感知频谱环境，监测授权用户的工作状况，动态使用可用的闲置频谱，并且在整个通信过程中给授权用户带来的干扰不会超过其干扰阈值。FCC 认为，任何具有自适应频谱意识的无线电都可以被称为认知无线电，并发出了关于如何以最佳方式来实现认知无线电概念的提议，其中引入了 CR 设计中一个重要的术语——干扰温度（Interference Temperature）[30]，它用来表征在授权频段内，CR 用户对授权用户接收机的干扰与授权用户系统噪声功率的和。干扰温度可以用下列等效的噪声温度来进行描述

$$P_n = kTB \qquad\qquad (2\text{-}1)$$

其中，P_n 为噪声功率，k 为波尔兹曼常数，T 为热噪声温度，B 为相关的射频带宽。

　　同时，FCC 还设定一个保证授权用户系统正常运行的"干扰温度门限"，它是由授权用户系统正常工作时所能容忍的最差信噪比决定的。其他包括 CR 用户在内的非授权用户都被认为是干扰，一旦干扰能量超过了预先设定的干扰温度门限值，将导致授权用户系统无法正常地进行通信；否则，认为授权用户与非授权用户能够同时正常运行。目前，FCC 对认知无线电的定义更能被学术界普遍接受。

2.4 认知无线电基本任务与工作原理

2.4.1 基本任务

认知无线电技术是在不影响频段内授权用户正常通信的情况下，以"机会接入"的方式动态地占用可以利用的频段，这种在空间、时间和频谱中出现的可以被利用的频谱资源被称为"频谱空洞"，也成为"白洞"，如图 2-2 所示。

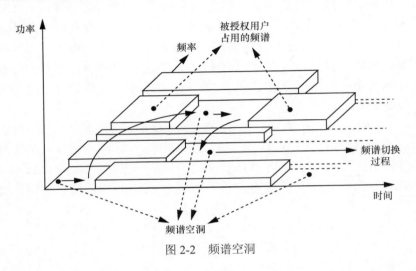

图 2-2 频谱空洞

CR 的基本任务是使无线通信设备与所处的环境进行实时交互，发现"频谱空洞"，估计信道状态，在不改变硬件组件的情况下，适当地调整通信参数，以达到动态适应频谱环境、合理利用资源的目的。

2.4.2 工作原理

根据 FCC 对认知无线电的定义，CR 系统具有两个主要特点：认知能力和重配置能力。

（1）认知能力

CR 系统需要在公开的频谱中自适应地完成任务，其工作可分为感知、决策、执行 3 个环节。其中，频谱的感知作为后两者的基础，其性能直接决定了认知无线电系统对频谱资源的利用能力和对授权用户安全的保障能力。如图 2-3 所示，整个过程被称为一个认知循环。

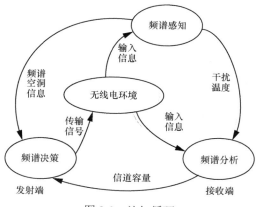

图 2-3 认知循环

在一个认知循环中，CR 系统将接收到的射频信号作为输入信息提交给频谱感知部分，利用频谱感知功能对周围的无线频谱环境进行观察，并在时域、空域和频域上检测可以占用的频谱空洞信息，分别发送给频谱分析和频谱决策部分。频谱分析功能根据收到的频谱空洞信息和相关的射频环境特征，完成对频谱特征和信道容量的分析和归纳，并对可用频谱空洞进行分类标识、制定跳转策略，使 CR 系统能够做出最有利于用户的决定。频谱决策功能利用频谱感知功能和频谱分析功能提供的信息，按照业务服务质量（Quality of Service，QoS）的要求，为用户选择适合传输的频段，并自适应地调整传输参数，完成信号的传输。一旦工作频段选定，通信就可以在该频段上进行。然而由于无线环境是随时间和空间不断变化的，因此 CR 必须具有实时追踪无线环境变化的能力，如果占用的频段内发生如授权用户出现、用户移动、交通变化或频谱环境变差等情况，频段变得不可用时，频谱移动性管理功能会提供一个新的频段，认知用户必须进行频谱切换，跳转到其他可用频段，实现无缝切换以维持用户的正常通信。

（2）重配置能力

重配置能力是一种在传输过程中不改变任何硬件组件的情况下调整操作参数的能力。重配置能力有许多可重置的参数，具体介绍如下。

① 工作频谱。认知无线电有能力改变工作频谱。基于认知环境的信息，可以确定最适合工作的频谱，然后在这个频谱上进行动态的通信。

② 调制。认知无线电应当根据用户需求和信道环境重置调制机制。举例来说，对于那些对时延敏感的应用，数据速率要比差错率重要。因此，要选择有较高频谱效率的调制机制。相反，对于那些对分组丢失敏感的应用来说，主要关注差错率，要选择具有低误码率的调制机制。

③ 传输功率。传输功率可以在功率限制内重新配置。功率限制保证了动态的

功率重置在允许的能量极限以内。如果没有必要用高功率操作，认知无线电就会降低传输功率来允许更多的用户共享频谱并且减少干扰。

④ 通信技术。认知无线电也能用来在不同的通信系统中提供协同工作。

认知无线电的传输参数在传输开始和传输过程中都能够进行重置。根据频谱感知结果，认知无线电重置发射机和接收机参数，选择合适的传输协议和调制机制，使信号从当前工作频段转移到其他频段。认知技术提供的频谱感知和重配置能力，使无线电可以根据无线环境进行动态操作。更确切地说，认知无线电可以在多种频谱上进行发射和接收，并使用由它的硬件设计支持的不同的传输接入技术。

在国际标准化组织提出的开放系统互连参考模型中，从认知无线电设备的协议体系结构考虑，CR 系统一共涉及物理层、链路层、网络层、传输层和应用层 5 个层次，如图 2-4 所示[31-32]。频谱感知功能主要集中在物理层，物理层一方面要与频谱资源管理功能模块进行频谱感知信息和重配置参数的交互，另一方面还要将感知信息存储到频谱移动功能模块。链路层主要完成频谱分享的功能，将调度信息和重配置参数提供给资源管理功能模块进行频谱分析和频谱决策，并将链路时延等参数提交给频谱移动功能模块。网络层主要通过与频谱资源管理模块间路由信息和重配置参数的交互，为频谱移动功能模块提供路由信息，完成路由的选择。传输层实现的主要功能是控制时延和分组丢失率，同时还要与频谱资源管理模块和频谱移动功能模块进行重配置参数和切换时延等信息的交换。应用层主要提出 QoS 要求并进行应用控制。

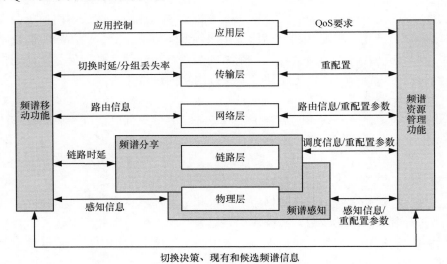

图 2-4　认知无线电协议体系结构

从图 2-4 中可以看出，频谱资源管理功能和频谱移动功能是由不同层之间的相互交换信息和相互协作来完成的，只有同时实现频谱检测和频谱共享才能提高 CR 系统的频谱利用率。

2.5　认知无线电关键技术

根据 CR 的定义，再对应整个工作过程，CR 系统的关键技术主要包括以下 4 个方面：频谱检测、频谱共享、频谱管理和功率控制。这些关键技术构成了认知无线电的核心功能。

2.5.1　频谱检测技术

在 CR 系统的认知循环中，最先执行的任务就是对所处的频谱环境信息进行检测，即空闲频谱感知。频谱环境的检测是 CR 系统正常通信的首要条件，因为对空闲频谱的随机占用是建立在系统能够正确感知射频环境和检测频谱空洞的基础上的。频谱检测主要包括两个任务[33]：一是判断频谱占用情况，系统通过检测授权用户信号，判断该频段是否处于空闲状态，是否满足 CR 用户业务需求；二是周期性检测频谱变化，由于授权用户对于其授权频段的使用权高于 CR 用户，因此，CR 用户在通信过程中需要定期检测频谱，若发现授权用户接入，CR 用户必须以最快的速度返还信道。完成第一个任务要求检测算法必须具有很好的可靠性，完成第二个任务要求检测的速度要快。图 2-5 为频谱检测周期示意。

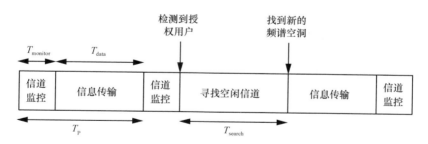

图 2-5　频谱检测周期示意

CR 用户检测到一个频谱空洞之后，通过改变系统传输参数对频谱进行合理的应用。在信息传输的过程中，CR 依然需要周期性地检测该频段，检测周期为 T_p，T_p 由授权用户的类型决定。在每一个 T_p 中，CR 用户都要花费 $T_{monitor}$ 的时间用来监控授权用户频段，并且满足

$$T_{\text{monitor}} \leqslant T_{\text{P}} \qquad\qquad (2\text{-}2)$$

这是因为 CR 用户希望传输数据的时间 T_{data} 尽量长一些。如果检测到授权用户出现，CR 用户要马上返还信道，并重新开始寻找空闲信道，从 CR 用户的角度来看，搜索时间 T_{search} 越短，通信中断的可能就越小。在实际应用中，不同类型的授权用户要求的检测灵敏度和速度不同，因此要根据实际情况选择不同的检测算法。

2.5.2　频谱共享技术

频谱共享技术是 CR 系统中最重要的技术之一，对于空闲频谱利用的关键技术就是频谱共享，CR 网络的实质就是基于 CR 技术的频谱共享网络。频谱共享包括授权用户与 CR 用户的频谱共享、CR 用户之间的频谱共享和不同感知网络之间的频谱共享，频谱共享的目的是实现频谱的无冲突使用。CR 系统使用的频谱有其一定的特殊性，首先，由于 CR 系统为了尽可能高效地使用空闲的频谱资源，采用了与静态分配方式不同的机会接入方式，可用的频谱资源往往具有很宽的频域，不同的频谱空洞具有不同的特性，这要求共享算法必须能够考虑这一因素。其次，授权用户对频谱具有优先使用权，对频谱的使用情况是随时间的变化而变化的，因此频谱空洞也是具有时变特性的，CR 用户必须对授权用户保持透明，当授权用户接入时必须放弃频段以减少干扰，这就不可避免地要进行频谱空洞间的切换，如何在不影响授权用户的基础上保证 CR 用户的正常通信，也是共享算法需要考虑的问题。目前，人们主要从网络结构、频谱分配行为和频谱接入技术这 3 个方面研究频谱共享技术的解决方案。

（1）网络结构

根据 CR 网络结构的不同，频谱共享可分为集中式频谱共享和分布式频谱共享[34-35]。集中式频谱共享方案是一种集中控制方案，CR 网络中包含一个集中控制单元和多个检测节点，每个检测节点均可独立地进行频谱检测，并将检测结果提交给集中控制单元。集中控制单元对检测结果进行汇聚处理，绘制出频谱分配映射图。在分布式解决方案中，CR 网络由多个分布式节点组成，每个节点都具有同等地位，并且都参与频谱分配，各节点间通过协商或自身政策来决定频谱的分配和接入。分布式频谱共享方式主要应用在不能构建集中式结构的场合。

（2）频谱分配行为

根据频谱分配过程中各节点间是否存在协作关系，频谱共享可分为合作式频谱共享和非合作式频谱共享[36-37]。合作式频谱共享方案考虑到一个节点的行为会对其他节点造成影响，即不同节点间共享检测信息。非合作式频谱共享方案仅考虑单个节点的行为，单个节点行为的自私性将导致整个网络性能的下降。尽管如此，由于非合作频谱共享方案对其他节点的通信要求最低，降低了控制和信息传递的复杂度，因此在某些特定的场合依然适用。

（3）接入技术

根据接入技术的不同，频谱共享可分为 Underlay 式频谱共享和 Overlay 式频谱共享。Underlay 式频谱共享是最简单的实现方式，它利用蜂窝网络的频谱扩展技术，在接入信道之前 CR 用户就与授权用户进行协商，一旦获准接入便开始以极低的功率在该频段传输信息，授权用户把 CR 用户当成噪声处理，不需要进行额外的干扰控制。因此，Underlay 式频谱共享的应用范围比较窄，仅适合短距离通信。Overlay 式频谱共享是指 CR 用户完全使用授权用户未利用的频段，是一种基于频分复用的干扰避免技术，这种频谱共享方式对授权用户造成的干扰最小，因此，CR 系统具有较高的发射功率，适合长距离通信。在实际应用中，由于系统信息是有限的，通常选择结合两者优点的混合式频谱共享，这种混合方式对授权用户的干扰最小，且允许更多的节点接入[38]。

2.5.3　频谱管理技术

频谱空洞可能分散在包括授权频段和非授权频段的很宽的频域上，具有不同的中心频率、带宽等动态频谱特征，而且允许被占用的时间也不同。由于 CR 需要在所有可用的频谱空洞中判决出条件最好的频段以满足 QoS 要求，因此需要具备频谱管理的功能。频谱管理技术主要包括频谱分析、信道状态估计和频谱决策。

频谱分析功能利用频谱空洞信息和相关射频特性，分析归纳频谱特性和信道容量，使 CR 能够做出最符合用户业务要求的判决。为了更准确地评估频谱空洞适用于何种通信业务，系统需要对检测到的多个参数进行说明。在 CR 系统中，干扰温度对CR 用户发射信号在授权用户接收机处产生的干扰进行了限制，因此在估计频谱空洞的信道容量时，应同时考虑认知终端本地观测的 SNR 和干扰温度。信道容量估计算法主要有两种：基于频谱容量估计和基于 OFDM 信道容量估计[39]。

在无线信道中，由于存在人为和非人为干扰，通信信道会受到不同程度的干扰和破坏，使通信的质量下降。因此，信道的质量决定了通信质量的好坏，为了提高通信的质量和准确性，通常要对信道状态信息（Channel Status Information，CSI）进行估计和判断。传统的信道估计方法有差分检测法和训练序列传输法[40-41]，差分检测法的优点是简洁，但是误帧率明显不理想；训练序列传输法提高了接收机的性能，但是周期性的传输训练序列不仅浪费传输功率，而且耗费信道带宽。为了解决上述问题，提出了一种半盲训练，它的特别之处在于接收机有两种操作模式：监视训练模式和跟踪模式。在监视训练模式下，在一个接收机知道的短训练序列的监视下，接收机获取信道状态估计信息，一旦接收机获取了可信赖的 CSI后，接收机切换成跟踪模式，信道中传输的训练序列被换成了实际数据，数据的传输过程是在非监视的状态下执行的[42-43]。

当所有频谱空洞的特性都被分析以后，CR 系统就可以依据用户业务要求和得到的频谱特征，制定适合的频谱决策规则，为当前的传输选择合适的工作频段[44]。当 CR 用户正在使用的信道性能发生改变，不能保证用户通信质量时，或者当授权用户重新接入频段时，CR 用户会发生频谱移动行为，导致频谱间的切换问题。在进行频谱间切换时，网络协议将会从一种工作模式转为另一种工作模式，因此要进行频谱管理，其目的是确保各层协议能够平滑过渡，并尽快地适应新的工作频段，将对 CR 用户性能的影响降到最低。上述过程对 CR 用户来说应该是完全透明的，特别是一些时延敏感型的 CR 用户，因此，设计合理的、快速的频谱切换机制将成为 CR 系统必须解决的关键问题。

2.5.4 功率控制技术

在认知无线电通信系统中，功率控制的实现采用分布式方式，以扩大系统的工作范围，提高接收机性能，而每个用户的发射功率是造成其他用户干扰的主要原因，因此功率控制是认知无线电系统的关键技术之一。在多址接入的认知无线电信道环境中，主要采用协作机制方法，包括规则及协议和协作的 Ad Hoc 网络这两方面的内容。多用户的认知无线电系统中的协作工作以及基于先进的频谱管理功能，可以提高系统的工作性能，并支持更多的用户接入。但是这种系统中除了协作，还存在竞争。在给定的网络资源限制下，系统允许其他用户同时工作。因此在这种系统中，发送功率控制必须考虑以下两种限制，即给定的干扰温度和可用的频谱空洞数量。目前解决功率控制这一难题的主要技术是对策论和信息论。

多用户认知无线电系统的功率控制可以看作一个对策论的问题，对策论是研究决策主体行为发生直接相互作用时的决策以及这种决策的均衡问题，可划分为合作对策和非合作对策。如果不考虑非合作对策，将所有对策看成完全的合作对策，这样功率控制则简化成一个最优控制问题。当然这种完全的合作在多用户系统中是不可能实现的，因为每个用户都试图最大化自己的功率，使用功率控制被归结为一个非合作对策。目前的主流技术是用 Markov 对策进行分析，Markov 对策是将多步对策看作一个随机过程，并将传统的 Markov 对策扩展到多个参与者的分布式决策过程。多用户认知无线电系统的功率控制问题就可以看作 Markov 对策来进行分析解决。

实现功率控制的另一种方法是基于信息论的迭代注水法，其基本思想是把系统的信道看作若干个平行的、独立的子信道的集合，各个子信道的增益则由其对应的奇异值来决定。使用了该方法后，发送端会在增益较多的子信道上分配更多的能量，而在衰减比较厉害的子信道上分配较少的能量，甚至不分配能量，从而在整体上充分利用现有的资源，达到传输容量的最大化。

2.6　认知无线电技术的应用

随着无线通信业务量的日趋增加，人们不得不面对的瓶颈与挑战之一就是频谱资源的紧张。目前的频谱分配制度是静态频谱分配，无线电管理机构根据各法定无线电业务的技术特点、业务能力、带宽需求等因素，以固定频段指配方式分配频谱。无线电业务为了获取可用的频谱资源，前期投入甚至要花费数千亿美元（如欧洲和亚洲的 3G 频谱拍卖）。不断增加的新业务带宽需求和有限的无线频谱资源之间的矛盾变得越来越突出，频谱资源匮乏已成为未来无线通信发展的制约因素。随着频谱资源用户数量的不断增加，静态频谱分配逐渐显示出其固有的弊端，某些频段非常拥挤，频谱资源供不应求，而在其他一些频段内，大量的频谱资源只是偶尔地被占用，在时间和空间上造成大量频谱闲置的现象。在这种情况下，人们开始寻找一种动态的、灵活的和有效的频谱管理方式，进而合理地管理无线频谱资源，开发新的智能设备的先进技术。CR 技术的提出，为缓解频谱资源不足、实现频谱动态管理和提高频谱利用率提供了强有力的技术支撑，是满足人们对通信业务多样性、宽带性和高服务质量需求的有效手段。

目前，认知无线电主要被应用在无线局域网、无线区域网、超宽带系统、紧急网络中，具体介绍如下。

（1）认知无线电在无线局域网中的应用

以 IEEE802.11 标准为基础的无线技术已成为目前无线局域网的主流技术。无线局域网设备大多工作在不用授权的频段，随着无线局域网的普及，免授权频段的通信业务将非常繁忙，几乎达到饱和状态，这样的工作频段已无法满足新的业务要求，采用认知无线电技术就可以解决无线局域网频段因拥挤造成的可用频谱资源不多的问题。

现有的无线局域网标准中，IEEE802.11 系列标准被广泛地应用。然而如 IEEE802.11a 无线局域网标准所使用的 5 GHz 频段中还存在着其他的设备（如雷达），要保证无线局域网的工作频段不受这类设备的干扰是非常困难的。于是 IEEE802.11 工作组制定发布了 IEEE802.11h 标准。从认知无线电的角度来看，IEEE802.11h 无线局域网标准可以认为是在无线局域网中的初步应用。

认知无线电技术在无线局域网中的另一个应用是 Atheros 公司推出的基于 Super G 技术的无线局域网技术。该技术中加入了自动检测周围其他无线局域网的功能，可以根据检测到的邻近无线局域网用户情况自适应地调整信道占用方式，最大限度地提高系统传输速率。

（2）认知无线电在无线区域网中的应用

2004 年，IEEE802.22 工作组成立，其别称为无线区域网络（Wireless Rural Area Network，WRAN），主要利用认知无线电技术将分配给电视广播的 VHF/UHF 频带作为宽带访问线路。IEEE802.22 规定了点到多点（通常指一个基站到多个认知用户）的无线空中接口。IEEE802.22 结构采用集中式网络控制结构，其中有一个功能相当于基站的控制中心，负责收集频谱感知信息、分析频谱使用状况、处理认知用户申请和归还频谱的要求。每个认知用户向控制中心数据库报告其位置、功率水平、调制方式和其他重要信息，由控制中心负责给认知用户分配空闲频谱。当电视用户需要使用频谱时，控制中心立刻从数据库中选出其他空频谱通知认知用户进行切换，同时更新数据库的内容。

以认知无线电技术为基础的 IEEE802.22 空中接口最重要的特性就是灵活性和自适应性。对于物理层的要求是：在保持低复杂性的同时提供很高的性能，基站能够根据接收到的信息，动态地调整编码和调制方式；另外，为了对电视广播业务不造成干扰，还要求发射功率控制的动态范围为以 30 dB 为中心，上下浮动 1 dB。与其他 IEEE 系列标准相比较，IEEE802.22 空中接口的共存问题（如侦听门限、响应时间等）也很关键，还需做大量的研究。

（3）认知无线电在超宽带系统中的应用

超宽带无线技术和系统是与认知无线电应用前景紧密相关的一项技术，它被认为是当今多媒体宽带无线通信中最有前途的候选方案。最初将认知无线电技术应用于超宽带系统中，即认知超宽带无线电技术的提出，是为了能够实现直序列超宽带（Direct-Sequence UWB，DS-UWB）和多频带正交频分复用（Multi-Band Orthogonal Frequency Division Multiplexing，MB-OFDM）两种超宽带标准的互通。认知超宽带无线电技术是结合认知无线电和超宽带技术的主要优点来联合设计研究的一种智能无线系统，是一种基于频谱感知的、具有自适应辐射掩膜（或发射功率谱密度）和灵活波形的新型超宽带系统。

由于超宽带系统与传统窄带系统之间存在着不可避免的干扰，将认知无线电技术与超宽带技术相结合来解决干扰问题也成为近几年的研究热点。超宽带无线技术具有高通信容量、抗多径衰落、灵活抗干扰能力、精确测距和定位等优点，而认知无线电技术是通过智能频谱管理来解决频谱资源短缺的最有效的方法。两者相结合，一方面能针对功率、距离和所要求的数据率进行频谱优化，解决超宽带的共存问题；另一方面，超宽带技术能帮助认知无线电解决在实现上遇到的诸如复杂射频前端设计等难题。基于认知无线电思想的超宽带无线技术的发展能极大地促进智能网络和设备的发展，形成真正普及和以用户为中心的无线通信世界，具有重大的理论和实际意义。

（4）认知无线电在紧急网络中的应用

紧急网络指的是发生自然灾害后，残存的通信基础设施在存在故障或者彻底被摧毁的情况下，援救人员在灾难现场建立起来的处理紧要信息的临时网络，因此这种紧急网络的通信要求具有较高的可靠性和很小的通信时延。另外，紧急网络通信中对大量语音、视频等数据的传输要求使用一些重要的无线频谱，在没有基础设施的条件下，认知无线电技术可以通过调整各项通信的优先权和回应时间来确保现有频谱的可用性[45]。

参 考 文 献

[1] 工业和信息化部. 中华人民共和国无线电频率划分规定: 工业和信息化部令第 46 号[S]. 2018.

[2] WANG B B, LIU K J R. Advances in cognitive radio networks: a survey[J]. IEEE Journal of Selected Topics in Signal Processing, 2011, 5(1): 5-23.

[3] Federal Communications Commission. Facilitating opportunities for flexible, efficient, and reliable spectrum use employing cognitive radio technologies: ET Docker No.03-108, FCC 03-322[S]. 2003.

[4] AKYILDIZ I, ALTHUNBASAK Y, FEKRI F, et al. Adapt net: adaptive protocol suite for next generation wireless internet[J]. IEEE Communications Magazine, 2004, 42(3): 12-138.

[5] MITOLA J, MANGUIRE G Q. Cognitive radio: making software radios more personal[J]. IEEE Personal Communications, 1999, 6(4): 13-18.

[6] CAPAR F, MARTORYO I, WEISS T, et al. Analysis of coexistence strategies for cellular and wireless local area networks[C]//Vehicular Technology Conference, 2003: 1812-1816.

[7] CAPAR F, JONDRAL F. Resource allocation in a spectrum pooling system for packet radio networks using OFDM/TDMA[C]//IST Mobile and Wireless Telecommunications Summit. 2002: 551-555.

[8] WEISS T, SPIERING M, JONDRAL F K. Quality of service in spectrum pooling systems[C]//Personal, Indoor and Mobile Radio Communications. 2004: 347-349.

[9] WEISS T, JONDRA F. Spectrum pooling: an innovative strategy for the enhancement of spectrum efficiency[J]. IEEE Communication Magazine, 2004, 42: 8-14.

[10] CAPAR F, MARTOYO I, WEISS T, et al. Comparison of bandwidth utilization for controlled and uncontrolled channel assignment in a spectrum pooling system[C]//IEEE 55th Vehicular Technology Conference. 2002: 1069-1073.

[11] RIESER C J. Biologically inspired cognitive radio engine model utilizing distributed genetic algorithms for secure and robust wireless communications and networking[D]. Blacksburg, Virginia: Virginia Polytechnic Institute and State University, 2004.

[12] International Organizations: IEEE. Working group on wireless regional area network: IEEE 802.22[S]. 2004.

[13] International Organizations: IEEE. Functional requirements for the 802.22 WRAN Standard: IEEE 802.22-05/0007r25[S]. 2006.

[14] AKYILDIZ I F, WON-YEOL L, VURAN M C, et al. Next generation dynamic spectrum access cognitive radio wireless networks: a survey[J]. Computer Networks Journal, 2006, 1(50): 2127-2159.

[15] MCHENRY M, LIVSICS E, NGUYEN T, et al. XG dynamic spectrum access field test results[J]. IEEE Communications Magazine, 2007, 45(6): 51-57.

[16] 周贤伟, 辛晓瑜, 王丽娜, 等. 认知无线电安全关键技术研究[J]. 电信科学, 2008, 24(2): 72-77.

[17] 孙丽艳. 基于激励机制的认知无线电自私行为研究[J]. 计算机技术与发展, 2009, 19(10): 170-173.

[18] ZHOU X T, ZHANG H X, YUAN D F. A novel IDM-CORVUS model in cognitive radio[C]// 2009 9th International Symposium on Communications and Information Technology. 2009: 648-652.

[19] MISHRA S M, CABRIC D, CHANG C, et al. A real time cognitive radio testbed for physical and link layer experiments[C]//First IEEE International Symposium on New Frontiers in Dynamic Spectrum Access Networks. 2005: 562-567.

[20] XU L, TONJES R, PAILA T, et al. DRiVE-ing to the internet: dynamic radio for ip services in vehicular environments[C]//25th Annual IEEE Conference on Local Computer Networks. 2000: 281-289.

[21] MICHAEL J. MARCUS. 5G and "IMT for 2020 and beyond" spectrum policy and regulatory issues[J]. IEEE Wireless Communications, 2015, 22(4): 2-3.

[22] LE L B, HOSSAIN E. Resource allocation for spectrum underlay in cognitive radio networks[J]. IEEE Transactions on Wireless Communications, 2008, 7(12): 5306-5315.

[23] JACOB P, SIRIGINA R P, MADHUKUMAR A S, et al. Cognitive radio for aeronautical communications: a survey[J]. IEEE Access, 2016, 4: 3417-3443.

[24] LAGUNAS E, SHARMA S K, MALEKI S, et al. Resource allocation for cognitive satellite communications with incumbent terrestrial networks[J]. IEEE Transactions on Cognitive Communications and Networking, 2015, 1(3): 305-317.

[25] KHAN A A, REHMAIN M H, REISSLEIN M. Cognitive radio for smart grids: survey of architectures, spectrum sensing mechanisms, and networking protocols[J]. IEEE Communications Surveys & Tutorials, 2016, 18(1): 860-898.

[26] 邵飞, 周琦, 李文刚. 基于网络情景意识的认知无线网络知识库构建研究[J]. 电子科技大学学报, 2009, 38(6): 932-937.

[27] 赵民建, 陈杰, 李式巨. 分布式认知无线网络中的频谱接入凸规划算法[J]. 电子与信息学报, 2009, 31(9): 2214-2219.

[28] 刘红杰, 李书芳. 认知无线网络中频谱池接入策略性能分析[J]. 北京邮电大学学报, 2009,

32(1): 1-4.

[29] HAYKIN S. Cognitive radio: brain-empowered wireless communications[J]. IEEE Journal on Selected Areas in Communications, 2005, 23(2): 201-220.

[30] Federal Communiciun Commission. Establishment of interference temperature metric to quantify and manage interference and to expand available unlicensed operation in certain fixed mobile and satellite frequency bands: ET Docket 03-289[S]. 2003.

[31] 周贤伟, 王建萍, 王春江. 认知无线电[M]. 北京: 国防工业出版, 2008.

[32] AKYILDIZ I F, WON-YEOL L, VURAN M C. A Survey on spectrum management in cognitive radio networks[J]. IEEE Communications Magazine, 2008, 46(4): 40-48.

[33] 何丽华, 谢显中, 董雪涛. 感知无线电中的频谱检测技术[J]. 通信技术, 2007(5): 9-11.

[34] ZEKAVAT S A, LI X. User-central wireless system:ultimate dynamic channel allocation[C]// First IEEE International Symposium on New Frontiers in Dynamic Spectrum Access Network. 2005: 82-87.

[35] CAO L L, ZHENG H T. Distributed rule-regulated spectrum sharing[J]. IEEE Journal on Selected Areas in Communications, 2008, 26(1): 130-145.

[36] NIE N, COMANICIU C. Adaptive channel allocation spectrum etiquette for cognitive radio networks[C]//New Frontiers in Dynamic Spectrum Access Networks. 2005: 269-278.

[37] CAO L L, ZHENG H T. Distributed spectrum allocation via local bargaining[C]//Sensor and Ad Hoc Communications and Networks. 2005: 475-486.

[38] MENON R, BUEHRER R M, REED J H. Outage probability based comparison of underlay and overlay spectrum sharing techniques[C]//First IEEE International Symposium on New Frontiers in Dynamic Spectrum Access Networks. 2005: 101-109.

[39] TANG H Y, Some physical layer issues of wide-band cognitive radio systems[C]//First IEEE International Symposium on New Frontiers in Dynamic Spectrum Access Networks. 2005: 151-159.

[40] HAYKIN S, MOHER M. Modern wireless communications[M]. New York: PrenticeHall, 2004.

[41] 赵丹, 于全, 王建新. 超宽带无线通信的一种快速同步捕获算法[J]. 系统工程与电子技术, 2006, 28(11): 1648-1651.

[42] 杨建喜, 蒋华. 一种基于 Kalman 滤波器的低复杂度信道估计算法[J]. 重庆邮电大学学报, 2008, 20(4): 387-390.

[43] 李琪琪, 赵晓晖. 基于信号子空间的改进 OFDM 系统信道半盲估计[J]. 电路与系统学报, 2008, 13(6): 108-113.

[44] 王海涛. 认知无线电网络中的频谱管理技术[J]. 电子信息对抗技术, 2009, 24(4): 24-29.

[45] MALDONADO D, LIE B, HUGINE A, et al. Cognitive radio applications to dynamic spectrum allocation[C]//First IEEE International Symposium on New Frontiers in Dynamic Spectrum Access Networks. 2005: 597-600.

第 3 章
认知超宽带系统

通信发展的宽带化、业务的多样化以及现有固定的频谱管理模式使无线频谱资源日益匮乏，动态变化的网络环境更加剧了资源缺乏与业务需求之间的矛盾，这种现象严重地制约了现在和未来的无线通信发展。近年来，共享频谱的无线技术成为研究的热点，具有代表性的为超宽带（UWB）无线通信技术和认知无线电（CR）技术。UWB 技术采用频谱重叠的方式占用一段很宽的频带，通过限制发射信号功率的方式避免对现有系统产生干扰；CR 技术采用机会接入的方式随机占用临时空闲的频段，通过动态检测频谱中可用的"频谱空洞"、自适应调整传输参数的方式躲避具有优先占用权的授权用户。

在实际应用中，超宽带系统和认知无线电技术虽然采用不同的频谱共享方式，但核心思想都是在不影响现有通信系统的情况下最大限度地共享频谱资源。但是，这两种技术在发展的过程中，因为自身固有的一些缺点而面临困境。超宽带系统在通信的过程中与外界无线环境没有交互，也没有与其他节点或系统进行协作，因此缺少对周围射频环境的了解，不能灵活地共享频谱，系统间共存缺少针对性，这些都限制了系统频谱利用率的提高。认知无线电虽然具有很好的灵活性和学习功能，但它必须得到授权用户的认可与信任，并保证不对授权用户产生干扰，目前相关的理论和关键技术还在研究阶段。此外，复杂的射频前端设计也对认知无线电的发展提出了挑战。针对两种技术的特点，将认知无线电技术引入超宽带系统的研究和设计中，形成一种新的智能无线通信技术——认知超宽带（Cognitive Ultra Wide-Band，CUWB）无线通信技术。利用认知无线电技术的感知和学习能力为超宽带系统提供射频环境信息并进行节点间的协作，利用超宽带系统提供物理层技术支持为认知无线电技术的实现搭建一个系统平台。

目前，与一些技术先进的国家相比，我国在认知超宽带无线通信技术方面的研究还存在较大的差距，但是各政府职能部门都对相关技术给予了高度关注。认知无线电和超宽带技术成为国家高技术研究发展计划（"863"计划）和国家自然科学基金的重点支持项目。

🔍 3.1　认知无线电要求与 IR-UWB 特性

认知无线电的一个最基本任务是以灵活的方式利用现有频谱资源，达到更加有效的频谱利用效果。CR 的实现系统必须满足以下要求。

① 对授权用户造成的干扰可以忽略不计，并可以自适应地消除或躲避干扰。

② 具有自我调节能力，可以适应各种链路环境。

③ 具有感知能力，可以根据接收到的信号感知和估计射频环境。

④ 能够充分利用各种频谱接入机会。

⑤ 灵活的波形设计方案、自适应数据速率和发射功率。

⑥ 安全性高及成本有限。

基于 CR 上述要求并综合 UWB 的特性，不难发现，两者有很高的匹配度。UWB 的实现技术有两种：UWB-OFDM 和 IR-UWB，本章主要研究的是 IR-UWB 与 CR 的结合，下面从满足 CR 要求的角度来分析 IR-UWB 的主要特性。

（1）对授权用户的干扰有限

CR 是以授权用户已经付费的频谱资源为目标进行随机占用的，因此，授权用户没有主动感知 CR 用户是否存在的义务，也不会与 CR 用户进行协商。CR 系统最重要的要求就是认知设备对授权用户的干扰要控制在一个可以忽略的水平上。

IR-UWB 有两种工作方式：衬底模式和覆盖模式。在衬底模式下，IR-UWB 对发射功率有很严格的限制，遵守 FCC 发布的辐射掩蔽规定，此时，IR-UWB 对授权用户的影响很小。在覆盖模式下，IR-UWB 可以使用高于 FCC 辐射掩蔽的发射功率，但是使用这种模式的前提条件是 CR 用户确保目标频谱内授权用户存在，即不存在共享频谱的情况。无论在哪一种工作模式下，IR-UWB 独特的特性都可以满足 CR 的要求。

（2）灵活的脉冲设计和自适应的发射功率

CR 的主要关键技术之一就是定期检测可能有机会占用的频谱，并根据检测结果确定分配给 CR 用户通信的频段。由于无线信道是实时变化的，每次检测的频谱结果会随着时间和位置的不同而发生变化，因此 CR 用户要具有可以根据频带特性改变发射波形的能力。考虑到不同位置的可用频谱可能会有不同的功率限制，CR 系统需要以很高的切换频率来调整发射功率。

灵活的脉冲设计是 IR-UWB 的又一特性，IR-UWB 是以纳秒级的窄脉冲实现的，而不同脉冲持续时间和脉冲类型可以改变其频谱特性，因此 IR-UWB 发射端可以通过选择不同脉冲波形中的一个或几个的方式来适应频谱的变化，满足 CR 的动态频谱要求。IR-UWB 脉冲的发射功率可以通过改变脉冲幅度或调整脉冲导数来自适应地实现，所以脉冲形式的无线电可以满足任何国家的 CR 频谱限制规则。

（3）自适应多址接入

CR 的思想是开放频段供未授权用户自由使用，可想而知这将会导致大量用户在同一时间申请占用同一频段，因此，CR 系统必须具备满足大量 CR 用户的多址接入技术。同时频谱状态随时可能发生变化，每个用户要求的信号服务质量也会不同，这些都要求 CR 系统可以提供相应的自适应多址接入方式。

IR-UWB 在多址接入方面具有很强的灵活性，例如，它可以通过分配给用户不同的跳时码或伪随机序列来实现多址接入，调整每一帧中的码片数量即可确定所能容纳的多用户的数量。此外，数据速率、处理增益和调制方式都可以按照用户的信号特点、发送距离和衰落状况进行调整。

（4）可调的发射速率

CR 用户占用空闲频谱进行的通信并不是完全自由和无限制的，通信的连续性受到该段频谱可用性的控制，当授权用户的业务量增大时，会直接导致 CR 系统的自由度减小，甚至终止其通信。此外，可用带宽可能出现在任何频段且它们的宽度可变。因此，任何一种作为 CR 的候选实现系统都应该具备可调吞吐量的能力，为可用带宽下降的情况提供解决方案。

IR-UWB 可以对其数据发射速率进行突发调整，当可用带宽下降时，UWB 系统可以通过延长脉冲时间的方式减少带宽占用，降低数据发射速率；当可用带宽增加时，则执行上述过程的逆过程，因此它可以满足 CR 可变数据发射速率的要求。当 CR 用户与授权用户距离很近时，对授权用户的干扰会变得很大，此时也可以通过减小单位比特脉冲重复率的方法减小干扰、减少脉冲数量、增大占空比、降低数据发射速率。低的占空比可以缩短 CR 用户与授权用户的共存时间，降低由 CR 用户导致的授权用户比特错误率。

（5）较高的信息安全度和较低的成本

信息安全概念的提出是为了保证用户的隐私，在许多通信系统中，信息的安全性是通过加密手段来完成的，只有发射端和接收端知道的加密方案能防止其他用户对通信的窃听。IR-UWB 本身就是一种安全性很高的通信方式，工作在衬底模式下的 UWB 信号功率很低，其他用户甚至检测不到它的存在，因此也就不可能窃听到 UWB 信号。另一方面，工作在覆盖模式下的 UWB 也可以认为是一种安全的通信方式，例如可以给用户制定一个伪随机序列作为跳时码，用户只有知道精确的跳时码时才能对信号进行正确的接收。显然，IR-UWB 可以满足 CR 对信息安全的要求。

任何一个无线电技术在投放市场之前都要考虑它的成本问题，这主要体现在无线电系统的组成部分上，包括基础设施的开支、基站和收发设备的成本以及维护和服务的费用。作为一种未来的无线电通信概念，CR 也考虑到了低成本的问题，它通过为用户机会占用频谱，而不是付费购买的方式赚取利润。简单的 IR-UWB 不需要太多昂贵的设备，发射和接收 UWB 信号的射频前端也不需要很复杂的设计，目前已有的 UWB 设备经过简单的改造完全可以达到 CR 的收发要求，因此利用 IR-UWB 来实现 CR 技术可以节约成本。

从上面的分析可以看出，IR-UWB 在满足 CR 基本要求方面具有很强的优势，因此 IR-UWB 对 CR 成功渗透无线领域是很有帮助的。

🔍3.2　认知超宽带系统的工作原理

认知超宽带无线通信系统结合了认知无线电和超宽带技术的优点，是一种新型的智能无线通信系统，它具有不同于其他无线通信系统的感知能力。传统 UWB 系统易于软件化和数字化，但它的辐射掩蔽是固定的，信号功率和频谱接入时间完全由系统内部算法决定；而 CUWB 系统利用 CR 感知频谱环境的能力，根据感知的射频环境信息构建出可以随频谱环境变化的自适应辐射掩蔽，用来约束自适应脉冲信号的频谱形成和发射功率，同时根据当时的信道状态信息进行动态的频谱接入。CUWB 系统的工作流程与目前的 UWB 系统相比存在着显著的不同，又因为 UWB 与 CR 在共享方式上存在本质差异，使 CUWB 系统的认知循环过程与经典的 CR 系统也不完全相同。图 3-1 为 CUWB 系统模型，体现了系统对环境的认知和自适应过程。

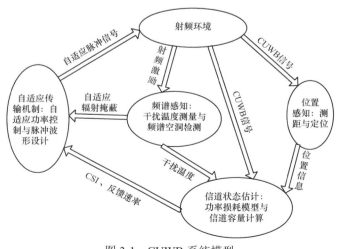

图 3-1　CUWB 系统模型

CUWB 系统按功能划分可分为两部分：功率及波形自适应发射机和带有信道检测功能的接收机。CUWB 系统具备最基本的检测、分析和调整的认知能力，且UWB 特有的测距和定位能力可以辅助 CUWB 系统进行信道状态估计。

模型中的认知循环处理过程是由接收机检测到射频激励信号开始的，本书主要研究的是 IR-UWB，对于接收射频信号的检测可以基于能量或是功率谱分析。首先系统在很宽的频段内对射频环境进行检测并判断出可用的频谱空洞，然后利用检测的结果构建自适应辐射掩蔽，要求自适应辐射掩蔽必须满足 FCC 的规定，最后生成符合 CUWB 系统动态要求的发射脉冲。在接收端，系统将频谱和信道状态信息通过控制信道发送给发射端，发射机根据反馈信息动态地控制发射功率以达到形成自适应功率谱的目的，并产生相应的自适应脉冲信号，或是通过降低发射功率来进行自适应的传输。当频谱感知模块检测到频谱环境发生变化时，系统将自适应地构建出新的辐射掩模。从图 3-1 中可以看出，CUWB 系统具备良好的可扩展性，加入 UWB 信号位置感知模块后，新增了一项位置感知功能，主要用于系统节点间的测距和定位，同时可协助系统进行信道状态估计。

🔍3.3　认知超宽带结构

CUWB 系统的提出为无线通信领域指出了新的方向，对传统的无线设计方法提出了挑战。它是一种与传统频谱管理制度下的无线系统完全不同的新型无线通信方式，由于独特的频谱感知功能主要由物理层实现，因此物理层的特性对上层设计具有十分重要的影响。图 3-2 给出了 CUWB 系统分层框架[1]。

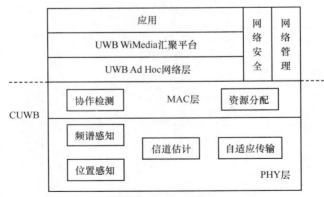

图 3-2　CUWB 系统分层框架

在 CUWB 系统的分层框架中，网络层以上的高层研究还不成熟，本章主要研究 CUWB 系统的物理（PHY）层和媒体介入控制（Media Access Control，MAC）层。CUWB 系统的分层框架是以现有的 UWB 无线通信系统分层模型为基础的，其中传输层采用 WiMedia 通用无线电平台，支持多种不同协议共存，网络层选用了适用于 UWB 通信的 Ad Hoc 网络协议，MAC 层主要负责优化传输参数、自适应速率反馈、协作感知及资源分配，PHY 层负责认知系统的频谱感知、位置感知、信道估计及相应的自适应传输。为了更好地分析认知功能，将感知模块从 PHY 层中单独提取出来。感知模块的主要作用为估计当前频段内的资源占用情况，通常采用以下两种实现方式：干扰温度模式和授权用户信号模式。PHY 层将感知结果上报给 MAC 层之后，CUWB 系统将启动自适应传输功能，自适应传输手段包括自适应脉冲信号波形生成和自适应功率调整。在生成自适应脉冲时，针对不同频谱形状的要求，CUWB 系统通过调整脉冲生成模块的算法来实现脉冲波形的无缝修正，进而实时地对射频环境变化做出动态的反应。这种方式的频谱利用率高，但系统设计复杂。在自适应功率调整机制中，通过降低 CUWB 整体的发射功率来保证不对授权用户造成干扰，此方法的反应速度快、成本低，但频谱利用率不高。

在跨层联合设计中，CUWB 系统需要在各个子层间进行协调，将不同层的特征参数进行融合，进而改善系统的总体性能。因此，需要从概念上明确地定义 CUWB 系统底层的频谱环境信息、反馈速率、CSI、位置信息等参量，同时把 PHY 层感知到的信息和 MAC 层信息进行汇聚，便于提供给上层网络使用。

图 3-3 为 CUWB 底层设计结构框架。经过底层联合设计，CUWB 的底层通信变得十分清晰，这使网络层中路由协议的设计更加便利。其中，底层信息汇聚模块的主要作用是将频谱环境信息、反馈速率、CSI 及位置信息上报给系统，为系统选择适合的路由协议提供依据。底层信息汇聚的提出极大地提高了 PHY 层与 MAC 层间交互信息的速率，简化了 CUWB 系统的跨层设计模型。

🔍 3.4　认知超宽带特点及应用

基于上述对 CUWB 系统的基本描述，CUWB 的技术优势体现在以下 6 个方面。

（1）减小了对已授权和非授权频段的干扰，实现兼容

传统 UWB 系统既受到工作频段内授权信号的干扰，又对其他信号造成干扰。为了减小 UWB 信号对授权信号的干扰，FCC 对其输出功率谱做出了严格的限制，但这只能降低却不能消除干扰。CR 的优势刚好弥补了 UWB 系统的不足，通过利用空闲的授权频段来降低对授权用户的干扰，达到与授权用户兼容的目的。

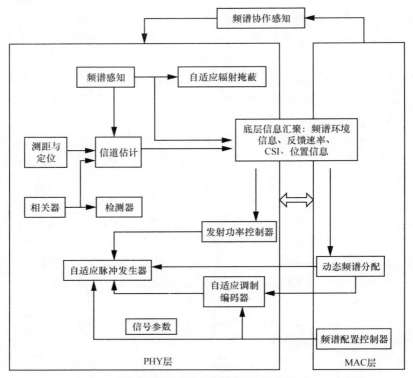

图 3-3 CUWB 底层设计结构框架

（2）加速了 CR 技术的实用化

UWB 技术利用自身易于数字化和可扩展性的特点，为 CR 提供一个硬件的实现平台，同时使 CR 获得了包括授权用户在内的无线电用户的信任，加快了 CR 市场化的步伐。

（3）实现了频谱资源的动态占用

在 CR 的设计思想中，对于不同的地点、频谱环境和用户服务要求，系统需要灵活地利用频谱和调节发射功率，而灵活的频谱成形技术正好弥补了 UWB 系统的不足[2-4]。对于 CUWB 系统来说，通过控制核函数的权重和相关系数可以实现灵活的频谱占用。

（4）良好的组网性能

UWB 系统具有良好的定位和测距功能，在 CUWB 网络中，通常有多个网络节点，系统可以利用 UWB 的定位和测距能力，实现对网络中运动节点的追踪，同时辅助完成信道状态估计，建立系统路由表[5]。

（5）良好的信息安全性能

CUWB 系统具有与传统 UWB 系统相同的保密性，为自组 CUWB 网络中良好的信息安全提供了保障。例如，对基于脉冲的 UWB 系统而言，完全可以通过扩谱技术使脉冲信号的功率拥有类似噪声的特性。因此，CUWB 系统的通信安全是可以得到保证的。

（6）解决了 UWB 标准死锁问题

利用 CR 的思想构造全新的 UWB 系统机制，在实现方式上破解 UWB 技术发展中的僵局。

基于上述优势，CUWB 技术将大大加快 CR 和 UWB 的实用化进程，被广泛地应用于各个领域，创造巨大的经济价值和社会价值。CUWB 完全可以作为一个支持多业务的平台，通过确认用户业务需要来设计最佳的传输方案，调整发射频段、调制方式、数据速率和发射功率等参数，以达到满足不同用户 QoS 需求的目的[6-8]。CUWB 可以支持短距离的高速应用和中短距离的低速应用，在家庭应用、医疗救助、气候研究等方面发挥重要的作用。

（1）家庭应用

CUWB 支持高速的无线智能家庭网络的构建，利用各种小型传感器和 CUWB 网络可以将家庭生活中使用的照明设备、空调设备、门禁系统等组成一个智能无线控制网络。同时，CUWB 也可以集成到 3G/4G 移动终端设备中，如手机、便携式电脑等，为 Internet 的无线接入提供便利。

（2）医疗救助

在发生重大灾难事故时，通信基础设施极有可能发生故障，CUWB 系统的认知能力可以在一定程度上克服由基础设施破坏带来的通信失败[9]。当有受灾者被埋在瓦砾之下时，CUWB 信号的穿透能力可以帮助营救人员确定受灾者的具体位置。此外，CUWB 系统还可以代替导盲犬等向导物[10]智能地帮助盲人完成日常的工作和生活，根据盲人的生活习惯，CUWB 系统可以通过自我调整提供个性化的向导。

（3）气候研究

传感器和传感器网络已经被用来监测天气参数，如温度、风速、空气压强和湿度等。如果这些传感器组成具有认知能力的 CUWB 网络，那么它们就可以在没有任何用户介入的情况下进行自主通信。这样，远离站点的传感器可以通过检测和收集其他节点的信息来获得最佳的性能。

CUWB 技术具有 UWB 技术和 CR 技术的优点，但又与这两种技术存在着明显的不同，它不仅为 UWB 系统提供了一种与现有系统干扰问题的解决方案，也为 CR 技术的最终实现奠定了基础。CR 技术作为一种嵌入式软件算法集成到 UWB 系统中。CUWB 系统的认知循环不同于传统的 CR 系统，脉冲发射流程与现行的 UWB 系统相比也有明显的差别。因此，人们需要对 CUWB 系统的频谱检测技术、自适应脉冲设计和频谱切换机制进行深入的研究。CUWB 技术的产生极大地促进了无线网络的智能化发展，将以频率为中心的频谱管理模式转变为以设备为中心的管理模式，这种转变为解决目前频谱资源紧张提供了一种全新的思路。

参 考 文 献

[1] 朱刚. 超宽带（UWB）原理与干扰[M]. 北京: 清华大学出版社, 2009.

[2] SAEED R A, KHATUN S, ALIBM B, et al. Ultra-wideband interference mitigation using cross-layer cognitive radio[C]//2006 IFIP International Conference on Wireless and Optical Communications Networks. 2006: 5-9.

[3] LUO X, YANG L, GIANNKIS G B. Designing optimal pulse-shapers for ultra wideband radios[J]. Journal of Communications and Networks, 2003, 5(4): 344-353.

[4] DOTLIC I, KOHNO R. Design of the orthogonal UWB pulses with the cognitive radio applications[C]//The 18th Annual IEEE International Symposium on Personal, Indoor and Mobile Radio Communications. 2007: 1-5.

[5] NEEL J O, REED J H, GILLES R P. Convergence of cognitive radio networks[C]//IEEE Wireless Communications and Networking Conference. 2004: 2250-2255.

[6] 陈国东, 夏海轮, 武穆清. 认知超宽带无线通信系统及关键技术分析[J]. 中央民族大学学报(自然科学版), 2007, 16(3): 262-266.

[7] GRANELLI F, ZHANG H G. Cognitive ultra-wide band radio: a research vision and its open challenges[C]//Networking with Ultra Wideband and Workshop on Ultra Wide Band for Sensor Networks. 2005: 55-59.

[8] ZHOU X F, YAZDANDOOST K Y, ZHANG H G, et al. Cognospectrum: spectrum adaptation and evolution in cognitive ultra-wideband radio[C]//2005 IEEE International Conference on Ultra-Wideband. 2005: 713-718.

[9] MITOLA J. Cognitive radio for flexible mobile multimedia communications[J]. Mobile Network and Applications, 2001, 6(5): 435-441.

[10] GOOD D. On why the blind leading is a good idea[C]//Humanizing the Information Age. 1997: 173.

第4章
认知超宽带频谱检测技术

🔍 4.1 频谱检测技术概述

认知无线电通信实现的一个重要前提是具有频谱检测能力。由于授权用户已经为其使用的频段付费，不需要与包括认知用户在内的其他用户进行协商来共享频谱，因此认知用户在检测和利用频谱空洞的过程中，认知无线电通信系统必须独立地、不间断地检测授权用户信号。通常情况下，认知用户对授权用户的检测成功率必须要达到 99.9%，否则，授权用户不会同意与认知用户共享频谱。这种对检测概率的高要求使认知无线电只能选择多样性的技术来实现，例如多节点进行协作。

随着认知无线电技术中不断完善的核心技术的引入，频谱空洞的检测方法不断地发展。发射源检测法是较早提出的一类检测方法，其设计复杂度低、采用技术成熟、易于实现，但其性能会随着多径效应和阴影衰落引起的接收信号强度的减弱而降低，另外，检测能力本身也有一定的限制。采用允许多个认知用户之间相互交换侦听信息的合作分集方法可以提高频谱空洞的检测概率，同时避免"隐藏终端"问题。

Ganesan 等提出在多用户单载波和多用户多载波情况下，集中式 CR 网络通过引入放大中继合作分集协议，以减少检测时间、提高网络的灵活性。考虑到实际网络中的中继节点发送功率有限的情况，Ganesan 等[1]又进一步对分布式 CR 网络分集增益的提高进行了分析。但上述的研究均假设主用户的位置已知，当主用户的位置未知时，Wild 等[2]提出采用本振泄漏的检测方法，通过检测主用户接收机射频前端发射的本振泄漏功率可准确定位主用户。此外，采用 PHY 层和 MAC 层联合侦听的跨层设计方法可极大地提高频谱侦听能力。这种方法通过增强无线射频前端灵敏度，同时利用数字信号处理增益及用户间的合作来提高检测能力[3]。

将频谱检测算法按照参与检测的用户是单用户还是多用户协作进行划分，可分为本地频谱检测和协作检测。其中，本地频谱检测是指单个 CR 用户独立对频段进行某种检测，又可分为授权用户发射端检测和授权用户接收端检测，如图 4-1 所示。

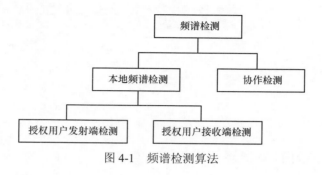

图 4-1　频谱检测算法

🔍4.2　授权用户发射端检测

授权用户发射端检测是 CR 用户通过检测接收到的信号中是否存在授权用户的信号来判断频谱是处于占用状态还是空闲状态，这是一种假设授权用户位置未知的检测，检测模型为[4]

$$y(t) = \begin{cases} n(t), & D_0 \\ hx(t) + n(t), & D_1 \end{cases} \qquad (4\text{-}1)$$

其中，$y(t)$ 为 CR 用户接收到的信号；$x(t)$ 为授权用户信号；$n(t)$ 为加性高斯白噪声；h 为信道增益；D_0 为无效假设，即授权用户不存在；D_1 为有效假设，即授权用户存在。

假设检测设备的输入为授权用户信号 $x(t)$ 与噪声之和，即引入了高斯噪声 $n(t)$。实际检测环境中，除了加性噪声外，还可能引入乘积型噪声（衰落效应）和卷积型噪声，在这些非加性噪声下研究信号检测会遇到更多的数学困难。授权用户发射端检测主要讨论加性噪声下的信号检测与估计，即在信道的衰落和多径参数完全已知的情况下进行信号处理。图 4-2 为授权用户发射端检测模型。其中模型设计为在某种映射条件下对接收到的信号进行信号处理，从噪声背景下发现信号和提取信号所携带的信息，并制定检测估计准则，做出有无授权用户存在的检测结论。

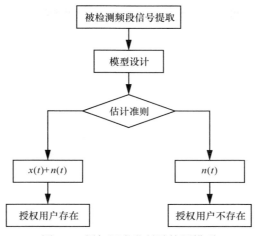

图 4-2　授权用户发射端检测模型

目前，在发射端检测中常用的授权用户信号频谱感知方法有能量检测法、匹配滤波器检测法和循环平稳特征检测法。

4.2.1　能量检测法

能量检测法是一种比较简单的信号检测方法，属于信号的非相干检测[5-7]。首先将接收信号通过带通滤波器，滤除带外噪声，取出待检测的频段，然后对信号进行取模平方，最后取 N 个采样值进行累加；或者采用周期图能量检测法，将接收到的信号首先进行 K 点 FFT，然后对变换后的频域信号进行取模平方，最后取 N 个采样值进行累加，即可得到检测统计量 Y，检测框架如图 4-3 所示。

图 4-3　能量检测原理框架

能量检测法的检测统计量 Y 为

$$Y = \frac{1}{N}\left|Y_N(f)\right|^2 \tag{4-2}$$

能量检测是在感兴趣的频段内进行能量积累，如果积累的能量高于一定的门限，则说明信号存在；反之，则说明仅有噪声。能量检测的出发点是信号和噪声的能量之和大于噪声的能量。能量检测方法对信号没有进行任何假设，是一种盲检算法。这是能量检测器的优点，也是它的缺点。优点是不需要知道信号的先验知识，算法简单、易实现，对相位同步要求不高。缺点是检测门限 λ 容易受到未知的或变化的噪声影响，即使能够设计自适应门限，带内干扰也会扰乱检测器，使其无法做出正确的判断；其次，能量检测法只能检测到信号的出现，而无法分辨信号的类型，因此不能区分噪声、信号和干扰；最后，能量检测器不适用于扩谱信号。应用采样定理，在加性白噪声下的信号检测问题可以简化为对独立高斯变量和的概率分布的分析。当仅有噪声时，统计量是服从自由度为 2 倍时宽带宽积的卡方分布；当有信号和噪声时，统计量服从非中心的卡方分布，非中心的卡方分布的自由度仍然是 2 倍时宽带宽积，非中心系数等于信号的能量与上双边带噪声功率谱之比。在上述两种情况的统计分布均已得出的情况下，就可以得到能量检测法的检测性能。对于非中心的卡方分布，在大时宽带宽条件下，可以简化成中心卡方分布，而且在大时宽带宽条件下，两种分布都可以近似成高斯分布，从而更方便地给出检测的性能[8-9]。

互相关能量检测器是为了克服能量检测器对噪声功率敏感而发展出来的一种检测器，该检测器用两个阵元来获得一些检测性能上的提高，并且对噪声的敏感程度很小。

4.2.2 匹配滤波器检测法

理论上，匹配滤波器是以输出信噪比为最大准则下的最优滤波器。当含有噪声的信号通过匹配滤波器时，信号成分会出现瞬间峰值，而噪声则被抑制。整个过程相当于对信号进行自相关运算，可以获得最优的检测结果，但前提是 CR 用户已知授权用户的先验信息。如图 4-4 所示，匹配滤波器传递函数为 $H(\mathrm{j}\omega)$，滤波器输入信号为 $x(t)+n(t)$，假设信号与噪声是统计独立的，且噪声的功率谱密度为 $\dfrac{N_0}{2}$。

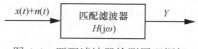

图 4-4　匹配滤波器检测原理框架

匹配滤波器检测法的检测统计量 Y 为

$$Y = x_0(t) + n_0(t) \tag{4-3}$$

其中，$x_0(t)$ 和 $n_0(t)$ 分别对应 $x(t)$ 和 $n(t)$ 的输出。

设 $X_0(\omega)$ 和 $X(\omega)$ 分别为 $x_0(t)$ 和 $x(t)$ 的傅里叶变换，则有

$$X_0(\omega) = X(\omega)H(\mathrm{j}\omega) \tag{4-4}$$

$$x_0(t) = \frac{1}{2\pi} \int_{-\infty}^{+\infty} X_0(\omega)\mathrm{e}^{\mathrm{j}\omega t}\mathrm{d}\omega = \frac{1}{2\pi} \int_{-\infty}^{+\infty} X(\omega)H(\mathrm{j}\omega)\mathrm{e}^{\mathrm{j}\omega t}\mathrm{d}\omega \tag{4-5}$$

输出信号 $x_0(t)$ 的瞬时功率为

$$|x_0(t)|^2 = \left| \frac{1}{2\pi} \int_{-\infty}^{+\infty} X(\omega) H(\mathrm{j}\omega) \mathrm{e}^{\mathrm{j}\omega t} \mathrm{d}\omega \right|^2 \qquad (4\text{-}6)$$

输出噪声信号 $n_0(t)$ 的功率谱密度为 $P_{n_0}(\omega) = |H(\mathrm{j}\omega)|^2 \dfrac{N_0}{2}$，则输出噪声的平均功率为

$$\mathrm{E}\{n_0^2(t)\} = \frac{1}{2\pi} \int_{-\infty}^{+\infty} P_{n_0}(\omega)\mathrm{d}\omega = \frac{N_0}{4\pi} \int_{-\infty}^{+\infty} |H(\mathrm{j}\omega)|^2 \mathrm{d}\omega \qquad (4\text{-}7)$$

因此，滤波器在 $t = t_0$ 时刻的输出信噪比为

$$\rho = \frac{|x_0(t_0)|^2}{\mathrm{E}\{n_0^2(t_0)\}} = \frac{\left| \dfrac{1}{2\pi} \int_{-\infty}^{+\infty} X(\omega) H(\mathrm{j}\omega) \mathrm{e}^{\mathrm{j}\omega t_0} \mathrm{d}\omega \right|^2}{\dfrac{N_0}{4\pi} \int_{-\infty}^{+\infty} |H(\mathrm{j}\omega)|^2 \mathrm{d}\omega} \qquad (4\text{-}8)$$

当 $H(\mathrm{j}\omega) = cX(\omega)\mathrm{e}^{-\mathrm{j}\omega t_0}$ 时，匹配滤波器输出的最大信噪比为

$$\rho = \frac{\dfrac{1}{2\pi} \int_{-\infty}^{+\infty} |X(\omega)|^2 \mathrm{d}\omega}{\dfrac{N_0}{2}} \qquad (4\text{-}9)$$

匹配滤波器检测法能使信噪比达到最大，同时在较短的时间就可以获得高处理增益，从某种意义上来说，它是最优的检测器，但是需要掌握授权用户发信特征的完整知识，如带宽、操作频率、调制类型等，并预先存储在 CR 设备中，如果这些信息是不准确的，那么匹配滤波器的性能就会变得很差。匹配滤波器实际上是解调了授权用户的信号，是一种相干检测，对相位同步要求很高，CR 需要所有信号类型的接收机，感知单元的执行复杂度非常高，有点不切实际[10-11]。

4.2.3　循环平稳特征检测法

在经典的信号检测理论中，通常将被检测的信号建模为平稳随机过程。事实上，通信信号并不是平稳随机过程，而是一类特殊的非平稳过程——循环平稳过程。信号的循环平稳特性是由其统计量（例如均值和自相关）中的周期性引起的[12-14]。在一个给定的频谱中，用循环自相关函数进行信号检测，而不是功率谱密度。由于噪声是广义平稳的，没有周期相关特性，而已调信号是循环平稳的，信号内在周期性导致的冗余使其频谱具有自相关特性，因此，基于循环平稳的检测算法能够区分噪声与授权用户信号。

接收信号的循环谱密度（Cyclic Spectrum Density，CSD）函数可表示为

$$S_x^\alpha(f) = \int_{-\infty}^{\infty} R_x^\alpha(\tau) e^{-j2\pi f\tau} d\tau \tag{4-10}$$

其中，有

$$R_x^\alpha(\tau) = \lim_{T\to\infty} \frac{1}{T} \int_{-\frac{T}{2}}^{\frac{T}{2}} x\left(t+\frac{\tau}{2}\right) x^*\left(t-\frac{\tau}{2}\right) e^{-j2\pi\alpha t} dt \tag{4-11}$$

其中，$R_x^\alpha(\tau)$ 是 α 和 τ 的函数，称为循环自相关函数；$\alpha = \dfrac{m}{T}(m=0,1,2,\cdots)$ 称为信号的循环频率。一个循环平稳信号的循环频率 α 可能有多个，其中，0 循环频率对应信号的平稳部分，只有非 0 循环频率才表征信号的循环平稳性。

不同的信号具有不同的 CSD，在二元假设模型中，利用循环平稳特性检测接收到的信号，判决方法为

$$S_x^\alpha(f) = \begin{cases} S_n^0(f), & \alpha=0 \text{、} D_0 \\ |H(f)|^2 S_s^0(f) + S_n^0(f), & \alpha=0 \text{、} D_1 \\ 0, & \alpha\neq0 \text{、} D_0 \\ H\left(f+\dfrac{\alpha}{2}\right) H^*\left(f-\dfrac{\alpha}{2}\right) S_s^\alpha(f), & \alpha\neq0 \text{、} D_1 \end{cases} \tag{4-12}$$

其中，$H(f)$ 为信号冲激响应的傅里叶变换，$S_s^\alpha(f)$ 为循环谱密度，$S_n^0(f)$ 为循环频率为 0 且授权用户不存在时的功率谱密度。

由于在实际系统中，信道冲激响应是未知的，因此无法计算出 $H\left(f+\dfrac{\alpha}{2}\right)$ $H^*\left(f-\dfrac{\alpha}{2}\right) S_s^\alpha(f)$ 的值，但是可以设定一个门限来进行判决，此时采用的方法与能量检测法相同，即能量检测法是 $\alpha=0$ 时的循环平稳特征检测法。循环平稳特征检测法最主要的优点是它能够把噪声和授权用户信号区分开来。这是因为噪声与授权用户信号不同，它是一个宽带的、静态的、没有循环相关性的信号，与授权用户信号具有不同的循环谱。循环平稳特征检测器具有很强的抵抗噪声不确定性的能力，因而可以在信噪比较低的条件下检测出授权用户信号，它的缺点主要是计算复杂度大，而且需要的检测时间也较长。

🔍 4.3　授权用户接收端检测

授权用户接收端检测是相对于发射端检测而言的，若授权用户接收机正在工

作，则 CR 用户不可以使用该授权频段；否则，CR 用户可以临时占用该授权频段。目前，接收端检测方法主要有两种：本振泄漏检测和干扰温度检测。

4.3.1　本振泄漏检测

本振泄漏检测是根据授权用户接收端是否存在本地振荡器泄漏功率来判定授权用户的工作状态。目前无线电使用的接收机大多都是 Edwin Armstrong 于 1918 年发明的超外差接收机，其结构如图 4-5 所示。为了将高频信号下变频到中频信号，需要使用本地振荡器。授权用户接收端将接收到的信号与本地振荡信号相乘，输出频率较低的中频信号进行后续处理。在这个过程中，CR 用户可以通过检测是否有本地振荡信号从天线中泄漏出去，判断授权用户是否正在频段内工作。为了检测本振泄漏出来的微弱信号，在授权用户接收端附近需要设置传感器节点，这些传感器节点直接检测本振泄漏信号，计算授权用户所用信道，并将信息发送给 CR 用户用以控制器工作频率。这种方法可以定位授权用户，且保证 CR 用户不干扰授权用户。

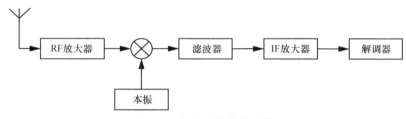

图 4-5　超外差接收机结构

但在现实应用中，本振泄漏检测方法并不适用，主要原因是本振泄漏信号的能量通常很小，很难进行远距离检测。实验表明，当距离授权用户 20 m 时，若要以很高的概率检测出泄漏信号，所需的时间很长。因此，检测速率不能得到保证。通常情况下，系统要求检测速率要达到毫秒级以上。此外，本振泄漏能量随接收机模型和时间的不同而变化，如果 CR 用户利用变化的功率来近似地估计授权用户接收机工作状态，将导致 CR 用户的检测错误率增加。

此外，利用传感器节点检测到接收机上的本振泄漏信号后，还需要建立传感器节点与 CR 用户的合作。当传感器节点侦测到本振泄漏信号时，它需要通过控制信道来通知信道使用范围内的 CR 用户。例如，控制信道可使用 420～450 MHz 的未授权频谱。为了简化系统，传感器节点可以发射导频音来指示哪个信道被占用，不同的频率音代表不同的信道。但当相邻传感器节点发射同频导频音时，CR 用户在此频率上会接收到一个很强的信号，从而认为授权用户与 CR 用户的距离比实际距离要近，此时 CR 用户就会出现错误判断，这就导致 CR 用户在此范围内的操作受到更多的限制。为了降低这个问题的影响，可以随机地给不同的传感器节点分配导频音。每个信道传感器节点可能使用的频率数目依赖于控制信道上的可用带宽。这个方案可以极大地降低同一范围内多个传感器节点使用同一导频音的概率。

传感器节点发射功率固定，选择适当的功率使 CR 用户在授权用户的干扰下仍能侦测到导频音。为了抵制频率选择性衰落，CR 用户应能在多个频率上发射导频音以指示该信道可用，所有导频音均被衰落的概率非常低。当 CR 用户发现可用信道时，它首先会与其他认知用户基于一个适合的 MAC 协议共享频谱。当发现信道时，CR 用户立刻开始发射。但 CR 用户必须周期性地检查其正在使用的信道是否可用，一旦侦测到该信道不可用时，必须立刻停止发射并检查是否有另一个信道可用。CR 用户必须在极短的时间内停止发射以保证其对授权用户的干扰可以被忽略。CR 用户实时更新空闲信道列表，保证当发生信道不可用的情况时可以快速切换到一个未用信道。

4.3.2　干扰温度检测

通常情况下，无线电环境是以发送端为中心考虑的，其发射功率往往相当于距发射机一定距离处预先指定的噪声基准。然而在实际情况中，干扰的出现是不可预测的，从而使噪声的基准增大，引起信号的传输性能下降。为此，FCC 提出了干扰温度概念，并给出了干扰温度模型，如图 4-6 所示。

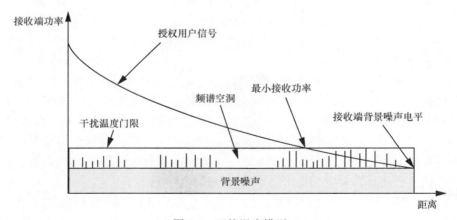

图 4-6　干扰温度模型

干扰温度概念等同于噪声温度，用来度量干扰功率与所占带宽的大小，即

$$T_{\mathrm{I}}(f_{\mathrm{c}}, B) = \frac{P_{\mathrm{I}}(f_{\mathrm{c}}, B)}{kB} \tag{4-13}$$

其中，T_{I} 为噪声温度，用绝对温度表示；$P_{\mathrm{I}}(f_{\mathrm{c}}, B)$ 为带宽为 B、频点为 f_{c} 处的干

扰的平均功率，单位是瓦特（W）；k=1.38×10⁻²³ J/℃为玻尔兹曼常数。

根据定义可知，干扰和噪声合起来只作为一个参考量来考虑和检测，但是显然，干扰和噪声是不同的，干扰的特征明确，与带宽无关。在给定区域，频谱管理机构应为其提出干扰温度门限 T_L，即指定区域在给定频段所能容忍的干扰的最大值，在该区域内工作的 CR 用户都必须保证对授权用户的干扰不超过干扰温度门限。

从图 4-6 中可以看出，干扰温度包含了频段内原始的噪声基底和 CR 用户对授权用户产生的干扰功率。它描述了某一地理位置上该频段内的授权用户在正常工作情况下接收机允许的最差射频环境特征，即它提供了系统可以容忍的干扰准确测度。在授权频段内，一切造成噪声增大并使之超出干扰温度门限的信号都将被禁止。根据 FCC 的规定，当 CR 用户以共存式的频谱共享方式接入授权频段时，CR 用户必须保证在该频段内所产生干扰的累加不超过预先设定的干扰温度门限。因此，干扰温度成为一种测量标准，用来决策频谱空洞是否可以分配给 CR 用户来进行通信。CR 系统首先利用频谱分析功能得到干扰温度的估计值，然后利用估计值对频谱空洞进行判决处理，以此来确定是否可以占用该频段。在将估计得到的干扰温度值与预先设定的干扰温度门限进行比较时，如果在连续的几个时段内估计值均小于门限要求，即可认为出现了"频谱空洞"，CR 用户可以接入该频段，否则认为该频段内存在授权用户，CR 用户不能占用。因此，选择合理的干扰温度门限是影响分析频段内可用频谱空洞的依据。CR 系统需要具有能够分析正在使用频段的能力，并根据相应的准则来判定某一个频点或某一段频谱是否属于可以临时占用的频谱空洞[15-16]。

4.4　协作检测

授权用户发射端和接收端检测方法都是单个 CR 用户独立地执行检测任务，在大多数情况下，认知无线电网络和授权用户网络是分开的，它们之间没有交互信息。由于授权用户对其付费频段具有优先使用权，不必也没有义务和 CR 用户进行协商，因此，CR 用户只能独立地对授权用户信号进行检测，这导致 CR 用户缺少授权用户接收机的信息，在检测过程中不可避免地会对授权用户造成干扰。另外，发射源检测模式无法解决隐藏终端问题。无线频谱环境是时变的，信道中的授权用户信号会受到阴影、多径等多种因素的影响，这就导致 CR 用户检测的困难，产生不确定性，减慢检测速率，甚至可能发生漏检，从而对授权用户系统造成干扰。一个认知无线电网络的发射基站和接收者之间可能是视距传播，但由于阴影效应可能检测不到授权用户的存在，如图 4-7 所示，CR 用户和授权用户的网络在物理上是分开的，因此 CR 用户并不知道授权用户的具体位置，这种现象很可能导致在检测过程中出现隐蔽终端问题，即因为接收者与发射机之间存在类似建筑物等遮挡物的原因，而无法正确检测到授权用户的发射机信号。所以为了达到更精确的检测效果，就需要其他用户的感知信息。

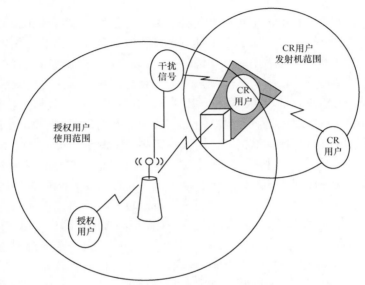

图 4-7　认知无线电中的隐蔽终端问题

　　在这种情况下，CR 用户需要从其他用户那里得到信息并进行检测，也就是需要同频段上的不同 CR 用户之间进行协作检测，由于协作检测可以消除单个用户检测所具有的不确定性，因此理论上可以提高检测的可靠性[17-18]。

　　协作检测可用于有中心基站或没有中心基站的网络中，分为集中式和分布式两种协同方式。集中式检测是指 CR 基站收集各 CR 设备的信息，将信息融合，汇总该区域内 CR 用户的频谱检测结果并做出判断，然后将信息以广播的形式发送给其他 CR 设备或者直接控制通信。研究软件和硬件信息汇总方式都可以降低错失机会的概率，文献表明，在错失机会概率方面，软信息相结合优于硬信息相结合的方法。分布式检测是指各个参与协作的 CR 用户之间相互交流检测信息，最后做出判决。多径衰落和阴影效应都会影响单一检测器的检测性能，但是由于所有检测器都位于深衰落的概率非常低，因此采用分布式检测方法可以提高检测性能和可靠性，从而降低对单一检测器的高要求。比外，多径衰落和阴影效应是降低检测方法性能的主要因素，但是协作检测方案能减少多径衰落和阴影效应，在深度阴影环境中合作能提高检测概率。

协作检测的性能是由控制带宽和检测器质量来决定的，以此为标准可以定义3 种合作体制。

（1）窄带宽控制信道，无线能量检测器

在这种体制下，窄带宽控制信道尤其适用于信道开始建立的初期。在这种情况下，交换判决信息或者统计概率要比交换原始数据更现实。此外，假设事先不知道无线信号的相关结构，这样就需要求解接收能量的积分。从参考文献[19]中可以看出，由于噪声的不确定性会导致能量检测器的信噪比低于能检测到授权用户的信噪比范围。

（2）窄带宽控制信道，使用信号统计的检测器

这种检测器的一个例子就是定圆检测器。因为定圆检测器利用了相关信号，所以比能量检测器效果更好[20]。但是，如果是窄带宽控制信道，那么只能交换信号统计量。

（3）宽带控制信道，所有可能的检测器

在这种体制下，认知无线电可以交换所有的原始数据，所以可以实现更高的检测精度。在这种情况下，如果表明合作，能够使同步信号共同克服 SNR 能量检测器所能接收的最低信噪比，低于这个数值就无法检测。

在 CR 用户与基站或是 CR 用户之间的通信中，检测信息的交互会引入除检测时间以外的协作开销。协作开销不仅在时间上增加了单次协作检测所需要的总时间，还会占用额外的传输带宽，甚至影响 CR 网络通信的性能。一般而言，协作开销与参与协作的 CR 用户数量呈线性关系。因此，多用户协作检测的优点是可以有效地对抗阴影效应和多径衰落、提高检测性能，缺点是增加了检测技术的难度和运算的复杂度。

🔍4.5　频谱检测面临的挑战

频谱技术的研究是多方面的、开放的，主要面临以下 3 个方面的挑战。

（1）干扰温度检测问题

建立一种高效的干扰温度接收检测模型仍存在困难。CR 用户可以通过定位系统的帮助，获得其发射功率的强度和当前所处的位置。但与此同时，CR 用户的发射信号也可能会对附近工作在相同频点的其他用户产生干扰。目前，对 CR 用户而言，其附近授权用户接收端的干扰温度检测和估计仍没有实际可行的方法。

由于授权用户接收端往往是无源设备，CR 用户不可能准确获得其具体位置。而且，如果 CR 用户不能测量到其发射信号对所有用户的干扰程度，那么干扰温

度测量就会无实用价值。

（2）多用户网络频谱检测

认知网络是一种多用户网络，其用户包括多个授权用户和 CR 用户。而且，认知网络也可能与其他网络并存，来竞争使用某一频段。但是现有的干扰模型没有考虑多认知用户干扰问题[21]。在多用户网络中，感知授权用户和评估实际干扰更加困难。因此，频谱检测必须考虑多用户网络环境。

（3）检测性能

在认知网络中，如何在较短时间内检测到授权用户是主要需求之一。特别是在 CR 用户采用 CUWB 信号进行通信时，频谱检测的时间要尽可能地短。参考文献[22]提出了一种基于功率检测对一个授权用户检测的算法，该算法通过手机中每个载体的信息来降低检测所用时间，但增加了设计的复杂度。因此，检测算法需要在给定的检测误差范围内，采用最少的检测样本来实现对授权用户的检测。

参 考 文 献

[1] GANESAN G, LI Y G. Cooperative spectrum sensing in cognitive radio networks[C]//First IEEE International Symposium on New Frontiers in Dynamic Spectrum Access Networks. 2005: 137-143.

[2] WILD B, RAMCHANDRAN K. Detecting primary receivers for cognitive radio applications[C]//First IEEE International Symposium on New Frontiers in Dynamic Spectrum Access Networks. 2005: 124-130.

[3] CABRIS D, MISHRA S M, BRODERSEN R W. Implementation issues in spectrum sensing for cognitive radios[C]//Conference on Signals, Systems and Computers. 2004.

[4] GHASEMI A, SOUSA E S. Collaborative spectrum sensing for opportunistic access in fading environments[C]//First IEEE International Symposium on New Frontiers in Dynamic Spectrum Access Network. 2005: 131-136.

[5] SAHAI A, HOVEN N, TANDRA R. Some fundamental limits in cognitive radio[C]//The 42nd Allerton Conference on Communication, Control, and Computing. 2004: 772-776.

[6] 张霆廷, 张钦宇, 张乃通. 一种基于能量加权检测的 UWB 测距方法[J]. 电子与信息学报, 2009, 31(8): 1946-1951.

[7] 张霆廷, 张钦宇, 张乃通. 针对 IR-UWB 无线传感器网络的两步能量测距法[J]. 通信学报, 2009, 30(8): 96-104.

[8] [美]特里斯. 检测、估值与调制理论[M]. 北京: 电子工业出版社, 2003.

[9] 杨小牛, 楼才义, 徐建良. 软件无线电原理与应用[M]. 北京: 电子工业出版社, 2001.

[10] TANG H. Some physical layer issues of wide-band cognitive radio systems[C]//First IEEE International Symposium on New Frontiers in Dynamic Spectrum Access Networks. 2005:

151-159.

[11] 冯文江, 郭瑜, 胡志远. 认知无线电中的频谱感知技术[J]. 重庆大学学报(自然科学版), 2007, 30(11): 46-49.

[12] 何世彪, 苏志广, 敖仙丹, 等. 基于频谱感知信息的认知无线电网络功率密度约束问题[J]. 重庆邮电大学学报(自然科学版), 2008, 20(2): 128-131.

[13] LUNDEN J, KOIVUNEN V, HUTTUNEN A. Collaborative cyclostationary spectrum sensing for cognitive radio systems[J]. IEEE Transactions on Signal Processing, 2009, 57(11): 4182-4195.

[14] YUAN Q I, WANG W B, TAO P, et al.Spectrum sensing combining time and frequency domain in multipath fading channels[C]//Third International Conference on Communications and Networking. 2008: 142-46.

[15] KOLODZY P J. Interference temperature: a metric for dynamic spectrum utilization[J]. International Journal of Network Management, 2006, 16(2): 103-113.

[16] CLANCY T C. Formalizing the interference temperature model[J]. Wireless Communications and Mobile Computing, 2007, 7(9): 1077-1086.

[17] MISHRA S M, SAHAI A, BRODERSEN R W. Cooperative sensing among cognitive radios[C]//IEEE International Conference on Communications. 2006: 1658-1663.

[18] 王海军, 栗欣, 王京. 认知无线电中的协作频谱检测技术[J]. 中兴通讯技术, 2009, 15(2): 10-14.

[19] TANDRA R, SAHAI A. Fundamental limits on detection in low SNR under noise uncertainty[C]//2005 International Conference on Wireless Networks, Communications and Mobile Computing. 2005: 464-469.

[20] CABRIE D, MISHRA S M, BRODERSEN R W. Implementation issues in spectrum sensing for cognitive radios[C]//The 38th Asilomar Conference on Signals, Systems and Computers. 2004: 772-776.

[21] BROWN T X. An analysis of unlicensed device operation in licensed broadcast service bands[C]//Baltimore: First IEEE International Symposium on New Frontiers in Dynamic Spectrum Access Networks. 2005: 11-29.

[22] WEISS T A, JONDRAL F K. An innovative strategy for the enhancement of spectrum efficiency[J]. IEEE Communications Magazine, 2004, 42(3): 8-14.

第5章
多窗谱估计联合奇异值变换检测技术

5.1 最佳窗函数

5.1.1 窗函数的选取

由于系统不能对无限长的信号进行处理,而是截取有限长的数据段进行分析,因此在频谱检测中,窗函数的引入是不可避免的。窗函数对频谱检测质量的影响主要体现在两方面:频谱分辨率和频谱能量泄漏。频谱分辨率是指加窗后的信号频谱保持原信号频谱中靠得很近的谱峰仍能被分辨出来的能力。决定频谱分辨率的主要因素是所使用窗函数频谱的主瓣宽度,主瓣宽度越窄,频谱分辨率越高。频谱能量泄漏指的是加窗后的信号频谱变得模糊,甚至产生虚假峰值的现象。信号通过一个窗函数之后的频谱相当于原信号频谱与窗函数频谱的卷积,而窗函数的频谱是由一个主瓣和一些幅度逐渐减小的旁瓣构成的,在利用窗函数对信号进行截断处理时,得到的新信号的谱函数是以原信号频谱的实际频率成分为中心,按窗函数频谱波形的形状向两边扩散,这样就产生了在频谱分析中所谓的频谱泄漏现象。旁瓣的高度决定了能量泄漏的程度,两侧旁瓣越小,能量越集中于主瓣,频谱能量泄漏越少,截断以后的信号频谱越接近于原信号频谱。

虽然窗函数频谱中的旁瓣会以一定的间隔衰减,但在通常情况下,窗函数的频带是无限的,即使原接收信号是带限信号,在截断后也必然成为一个无限带宽的函数,即信号在频域上每个频点的能量都被扩展了。由采样定理可知,无论采样频率多高,只要信号一经截断,必然会引起混叠,因此信号截断必然导致一些误差,这种误差是不能消除的,但是可以利用窗函数对误差进行抑制。不同的窗函数对信号的影响是不同的,人们可根据信号的性质与处理要求来选择窗函数。

在谱估计中，需要选择一种最佳的窗函数，可以在减小频谱能量泄漏的同时，保证频谱的分辨率。这就要求窗函数频谱的主瓣要尽量窄，旁瓣峰值要尽量小，使频谱能量主要集中于主瓣带宽内[1]。最佳的窗函数在时域上应该是一个带限函数，同时在频域上具有最大程度的能量集中度，即在理想情况下频域也是带限的。由奈奎斯特定律可知，在时域上持续时间有限的信号在频域上的带宽通常是无限宽的，而在频域上带宽有限的信号其时域波形通常是无限持续的，即带限与时限是一对矛盾量。

假设窗函数为 $w(t)$，它的时域持续时间 $t \in \left[-\dfrac{T}{2}, \dfrac{T}{2} \right]$，窗函数频谱能量主要集中于频段 $[-\Omega, \Omega]$ 内，则 $w(t)$ 的傅里叶变换 $W(\omega)$ 为

$$\left| W(\omega) \right|^2 = \int_{-\frac{T}{2}}^{\frac{T}{2}} \int_{-\frac{T}{2}}^{\frac{T}{2}} w(t) w(z) \mathrm{e}^{-\mathrm{j}\omega(t-z)} \mathrm{d}t \mathrm{d}z \tag{5-1}$$

n 个码元时间段内窗函数的频谱能量 J 为

$$J = \frac{1}{2\pi} \int_{-\Omega}^{\Omega} \left| W(\omega) \right|^2 \mathrm{d}\omega = \frac{1}{2\pi} \int_{-\Omega}^{\Omega} \left[\int_{-\frac{nT}{2}}^{\frac{nT}{2}} \int_{-\frac{nT}{2}}^{\frac{nT}{2}} w(t) w(z) \mathrm{e}^{-\mathrm{j}\omega(t-z)} \mathrm{d}t \mathrm{d}z \right] \mathrm{d}\omega =$$
$$\int_{-\frac{nT}{2}}^{\frac{nT}{2}} \int_{-\frac{nT}{2}}^{\frac{nT}{2}} w(t) w(z) \frac{\sin \Omega(t-z)}{\pi(t-z)} \mathrm{d}t \mathrm{d}z \tag{5-2}$$

根据变分定理，窗函数的频谱能量 J 取最大值的条件为

$$\int_{-\frac{nT}{2}}^{\frac{nT}{2}} w(z) \frac{\sin \Omega(t-z)}{\pi(t-z)} \mathrm{d}z = \sum_{k=0}^{n-1} K_k \left[w(t+kT) + w(t-kT) \right] \tag{5-3}$$

其中，K_k 为拉格朗日乘法因子。

当 $n=1$ 时，式（5-3）可化简为

$$\int_{-\frac{T}{2}}^{\frac{T}{2}} w(z) \frac{\sin \Omega(t-z)}{\pi(t-z)} \mathrm{d}z = 2K_0 w(t) \tag{5-4}$$

满足式（5-4）的积分方程的解即为最佳窗函数 $\varphi(t)$，由于窗函数具有正交性，即

$$\int_{-\frac{nT}{2}}^{\frac{nT}{2}} w(t) w(t+kT) \mathrm{d}t = \begin{cases} 1, & k = 0 \\ 0, & k = 1, 2, 3, \cdots, n-1 \end{cases} \tag{5-5}$$

因此，将式（5-4）和式（5-5）代入式（5-2），可得

$$J = \frac{1}{2\pi} \int_{-\Omega}^{\Omega} \left| W(\omega) \right|^2 \mathrm{d}\omega = \int_{-\frac{T}{2}}^{\frac{T}{2}} \int_{-\frac{T}{2}}^{\frac{T}{2}} w(t) w(z) \frac{\sin \Omega(t-z)}{\pi(t-z)} \mathrm{d}t \mathrm{d}z = 2K_0 \int_{-\frac{T}{2}}^{\frac{T}{2}} w(t) w(t) \mathrm{d}t = \lambda$$

$$\tag{5-6}$$

其中，λ 表示窗函数在频段 $[-\Omega,\Omega]$ 内的能量集中度，λ 的值越大，能量聚集性越好。根据以上的研究可以得出，在时间和频段带限的条件下，时间带宽积 C 代表了窗函数的设计自由度。

5.1.2 最佳窗函数特征分析

在衡量谱估计中，窗函数的性能主要有下列指标：频谱分辨率，频谱能量泄漏和谱估计方差。其中，频谱分辨率由窗函数的主瓣宽度 B_0 决定，B_0 越小，频谱分辨率越高；频谱能量泄漏由最大旁瓣值 A 和旁瓣谱峰渐近衰减速度 D 决定，A 越低、D 越大，频谱能量泄漏越小；谱估计方差反映了各次估计值相对于均值的波动程度，在样本容量相同的情况下，方差越大，说明估计值的波动越大，越不稳定，方差越小，意味着估计值的一致性越好。设加窗后已平滑的功率谱估计 $S(\omega)$ 与周期图 $I_N(\omega)$ 的方差比 R [2] 为

$$R = \frac{\mathrm{Var}\left[S(\omega)\right]}{\mathrm{Var}\left[I_N(\omega)\right]} = \frac{1}{N}\sum_{n=0}^{N-1}w^2(n) \tag{5-7}$$

其中，$w(n)$ 为离散窗函数序列，N 为采样点数。

常用的窗函数有矩形窗、汉宁窗、高斯窗、布莱克曼窗和凯赛窗等，图 5-1 选择汉宁窗和布莱克曼窗与最佳窗函数进行比较。其中采样点数 $N=100$，时间带宽积 $C=2.5$，为了便于比较，本章对窗函数进行了幅度和频率的归一化处理。从图 5-1 中可以看出，布莱克曼窗具有较大的旁瓣衰减速度和主瓣宽度；汉宁窗具有较窄的主瓣宽度，但是旁瓣值较大；$C=2.5$ 的最佳窗函数的主瓣宽度比汉宁窗略宽，但具有更小的旁瓣值。

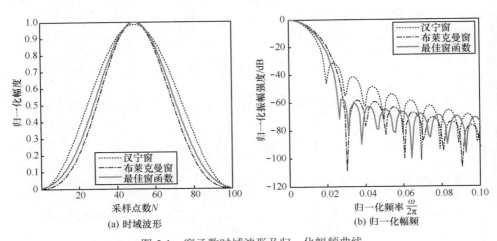

图 5-1 窗函数时域波形及归一化幅频曲线

最佳窗函数是一组可调的函数窗，可以在主瓣宽度和旁瓣高度之间自由地选择它们的比重，且设计更加灵活，最佳窗函数在谱估计中具有最佳的能量聚集性和较好的频谱分辨率。由于最佳窗函数的参数 C 与 Ω 成正比，因此在长度 N 一定的情况下，窗函数的主瓣宽度随着 C 的增加而增大，集中于主瓣内的能量增多，但是频谱分辨率降低。设 $B(\omega)$ 表示窗函数在频段 $|\omega| \leqslant \Omega$ 外的能量，可以证明 $B(\omega)$ 的上限为

$$\sigma^2 T(1-\lambda_0) \approx 4\sigma^2 T \sqrt{\pi C} e^{-2C} \tag{5-8}$$

其中，σ^2 为样本方差。

表 5-1 为参数 C 与 $B(\omega)$ 上限的对应关系，当 C 增大时，$1-\lambda_0$ 按指数规律减小，$B(\omega)$ 也按指数规律降低，当 $C \geqslant 8$ 时，能量几乎全部集中于 $|\omega| \leqslant \Omega$ 频段内。

表 5-1　C 与 $1-\lambda_0$ 的对应关系

C	$1-\lambda_0$
0.5	0.690 3
1	0.427 4
2	0.119 4
4	0.004 1
8	≈ 0

图 5-2 为不同时间带宽积条件下的最佳窗函数。对于 C 的选择，应考虑被分析信号的性质与处理要求。如果要求精确读出信号频率，而不考虑幅值精度，则可选用 C 值较小的窗函数；如果分析窄带信号，且有较强的干扰噪声，则应选用 C 值较大的窗函数。

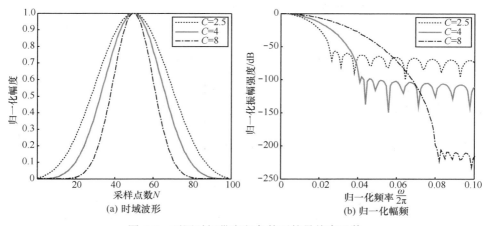

图 5-2　不同时间带宽积条件下的最佳窗函数

表 5-2 将最佳窗函数与其他几种窗函数性能进行了比较，为了便于分析，以

矩形窗的主瓣宽度 $B_0 = \dfrac{4\pi}{N}$ 为单位，对各窗函数的主瓣宽度进行了归一化处理。在数据序列截取长度一定的情况下，选用最佳窗函数来进行谱估计，其结果将优于其他常用窗函数。

表 5-2　窗函数性能比较

窗函数性能	矩形窗	汉宁窗	布莱克曼窗	最佳窗函数		
				$C = 2.5$	$C = 4$	$C = 8$
主瓣宽度（归一化）	1	2	3	2.5	4	8
最大旁瓣 A /dB	−13	−32	−58	−57	−95	−206
近似方差比 R	1.00	0.38	0.30	0.33	0.25	0.18

若进行谱估计时的采样频率为 f_s，在采样点数相同的情况下，窗函数能分辨的最大频率间隔正比于 f_s。由于各种窗函数的主瓣带宽为 $B_0 = \dfrac{4\pi k}{N}$，因此对于长度为 N 的各种窗函数，也可以认为其能分辨的最小频率间隔正比于 k。为进一步分析不同类型窗函数对谱估计的影响，采用不同的窗函数对 3 个正弦叠加信号 $s(t)$ 进行截取，并分析其功率谱。

$$s(t) = \sum_{i=1}^{3} s_i(t) = \sum_{i=1}^{3} A_i \sin(2\pi f_i t) \tag{5-9}$$

取幅度 $A_1 = 0.005$，$A_2 = 1$，$A_3 = 0.05$，信号频率 $f_1 = 5\,\text{Hz}$，$f_2 = 10.5\,\text{Hz}$，$f_3 = 16\,\text{Hz}$，取 $f_s = N = 256$。图 5-3 为汉宁窗和 $C = 2.5$ 的最佳窗函数的旁瓣值比较结果。汉宁窗的最大旁瓣值为 $-32\,\text{dB}$，完全淹没了信号 f_1，因此仅能分辨出 f_2 和 f_3。$C = 2.5$ 的最佳窗函数的最大旁瓣值为 $-57\,\text{dB}$，小于信号 f_1，因此可以分辨出 3 个信号。

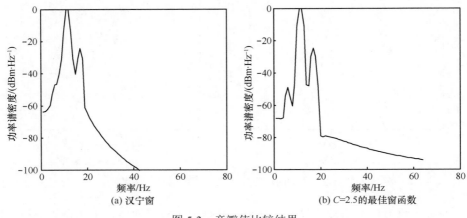

图 5-3　旁瓣值比较结果

取幅度 $A_1 = A_2 = A_3 = 1$，信号频率 $f_1 = 5\,\mathrm{Hz}$，$f_2 = 10.5\,\mathrm{Hz}$，$f_3 = 16\,\mathrm{Hz}$，取 $f_s = N = 256$。图 5-4 为矩形窗、汉宁窗、$C = 2.5$ 和 $C = 8$ 的最佳窗函数的频谱分辨率的比较结果。矩形窗的频谱最小分辨间隔为 $1\,\mathrm{Hz}$，汉宁窗的频谱最小分辨间隔为 $2\,\mathrm{Hz}$，$C = 2.5$ 和 $C = 8$ 的最佳窗函数的频谱最小分辨间隔分别为 $2.5\,\mathrm{Hz}$ 和 $8\,\mathrm{Hz}$，3 个正弦信号频率间隔为 $5.5\,\mathrm{Hz}$，因此除 $C = 8$ 的最佳窗函数之外，其他 3 个窗函数均可正确地分辨出信号频率。

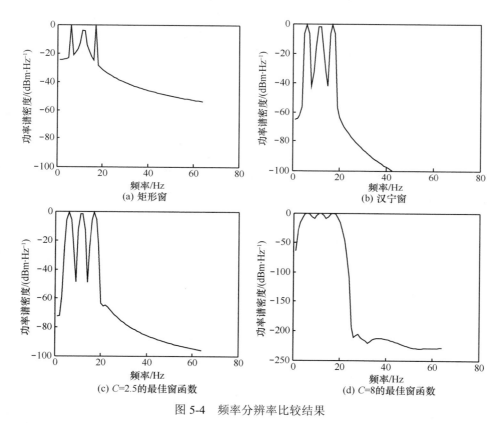

图 5-4　频率分辨率比较结果

5.2　多窗谱估计检测算法

5.2.1　多窗谱估计算法概述

多窗谱分析方法（MTM，Multi-Taper Method）是由 Thomson[3]提出的一种新

颖的谱估计技术。该方法利用最佳窗函数与多窗平滑结合得到了一种低方差、高分辨率的谱估计，它在信噪比较低的信号估计中具有很强的优势，非常适合非线性气候系统中短序列高噪声背景下弱信号、时-空依赖信号的诊断分析。MTM 是一种信号动态范围较大、频谱变化较快的谱估计方法，在天文气象和地球物理等领域中已得到广泛的应用[4]。

在谱估计算法中，通常选择一种单一的窗函数对数据进行截断，这样做的目的是提高频谱分辨率、减少频率泄漏，以达到估计的无偏性。但是付出的代价是谱估计的方差变大、稳定性变差、一致性受到影响，因此人们经常根据实际情况权衡利弊后再选择窗函数。MTM 为上述问题提供了一种有效的解决方法，它以一簇高频谱分辨率的正交数据窗代替单一数据窗[5]，利用多个数据窗对谱估计进行平滑处理，将偏差维持在一个可以接受的范围内，是一种低方差、高分辨率、计算简便的谱分析方法，它能使频谱分辨率和方差之间达到最优权衡。此外，MTM 的数据窗函数簇采用的是基于扁长椭球波函数的多个正交的最佳窗函数，与其他类型的窗函数相比，在采样点有限时，扁长椭球波函数的傅里叶变换具有更好的能量聚集性，可以减小由于数据长度有限所带来的频谱能量泄漏，为频谱估计的高分辨率提供了保证。窗函数的阶数由谱估计方差决定，随着扁长椭球波函数阶数的增加，谱估计的方差减小，估计的一致性提高。由于各阶扁长椭球波函数的能量集中度逐阶下降，因此，阶数较大的窗函数的频谱的最小分辨间隔会有所增加，频谱分辨率会降低。不同的信号对谱估计的要求是不同的，可根据信号的性质和带宽来选择合适的阶数，均衡窗函数的高频谱分辨率和低方差。

在应用多窗谱估计方法时，每个序列都应用于整个样本数据，数据不需要分段，因此它在处理较短信号时优于其他非参数谱估计方法。多窗谱估计的实时性好、频谱分辨率高，被广泛应用于信号处理的各个领域。

多窗谱估计原理如图 5-5 所示。在多窗谱估计中，接收到的数据样本不需要分段，而是直接应用到不同的正交数据窗进行截断，每一个窗都应用于整个记录数据并对构成的时间序列进行离散傅里叶变换，最后将得到的特征谱函数进行加权平均得到相应的谱估计。窗函数的能量聚集特性允许折中选取谱分辨率来改善谱特性，使得在降低谱估计的方差时不影响估计偏差。

设 $x(t)$ 为实测样本信号，w_t^k $(k=1,2,3,\cdots,K)$ 为 K 阶最佳窗函数簇，信号的第 k 个特征谱 $Y_k(f)$ 为

$$Y_k(f) = \sum_{t=1}^{N} w_t^{(k)} x(t) \mathrm{e}^{-\mathrm{j}2\pi f}, \quad k=1,2,\cdots,K \tag{5-10}$$

其中，N 为截断样本数据的点数。

将不同窗函数的 K 个特征谱进行加权平均，得到相应的谱估计 $S(f)$，即

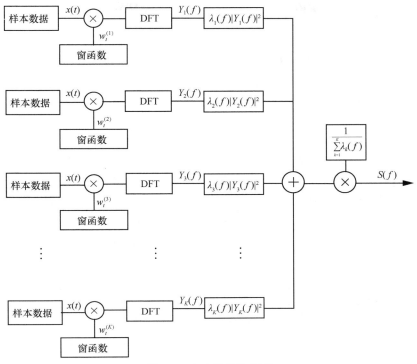

图 5-5　多窗谱估计原理

$$S(f) = \frac{\sum_{k=1}^{K} \lambda_k(f)\left|Y_k(f)\right|^2}{\sum_{k=1}^{K} \lambda_k(f)} \qquad (5\text{-}11)$$

当 $\sum_{k=1}^{K} \lambda_k(f) \approx K$ 时，$S(f)$ 为无偏估计。

根据 5.1.2 节对最佳窗函数特性的分析可知，在利用多窗谱估计检测信号时，检测性能主要由时间带宽积 C、窗函数长度 N、信号带宽 B_s 和采样频率 f_s 决定，其中 C 和 N 是算法本身的参数，称为内部参数，B_s 和 f_s 是由接收到的信号决定的，称为外部参数。多窗谱估计的带宽估计偏差可以表示为

$$\mu = \frac{C f_s}{N B_s} \times 100\% \qquad (5\text{-}12)$$

随着时间带宽积 C 的增大，谱估计曲线的平滑度增大、估计方差变小，但是频谱泄漏增多，算法的频谱分辨率降低，导致带宽估计误差增大。窗函数长度 N 要根据接收信号数据的类型选取，如果取值过小，不能充分反映出信号的频谱特

69

性；如果取值过高，又会增加算法的复杂度。因此，在设计窗函数时要根据信号的类型和所在频段选取适当的内部参数。MTM 谱估计过程可以解释为最大似然功率谱估计器的近似，对于宽带信号而言，MTM 谱估计过程是近似最优的。在功率谱估计中，MTM 被广泛认为是优于其他任何非参数谱估计的方法，而且和最大似然估计相比，MTM 谱估计的计算更加简便。

5.2.2　算法性能仿真

椭球波函数的时间带宽积 C 决定了正交窗函数的阶数 $K = 2C - 1$ 和系统的频谱分辨率[6]。与采用矩形窗函数的周期图法相比较，经最佳窗函数截断后的时间序列在有限采样点时的傅里叶变换具有极佳的能量集中特性，样本数据能量最大的集中于分辨带宽内。多个正交窗的叠加减轻了由加窗带来的信息丢失，在不影响谱估计偏差的情况下降低了谱估计的方差，使谱估计更加平滑。假设频段内授权用户为窄带信号，调制方式为 BPSK，中心频率为 4 GHz，带宽为 400 MHz，噪声为高斯白噪声，信噪比为 0 dB，系统接收端接收 100 bit 样本数据，窗函数的长度取样本数据长度，时间带宽积 $C = 8$，采样频率 $f_s = 24$ GHz。图 5-6(a)为采用单一矩形窗对数据进行截断的周期谱估计，图 5-6(b)为采用相同数据样本的多窗谱估计结果。从图 5-6 中可以看出，多窗谱估计在保证了较高的频谱分辨率的同时降低了估计方差。

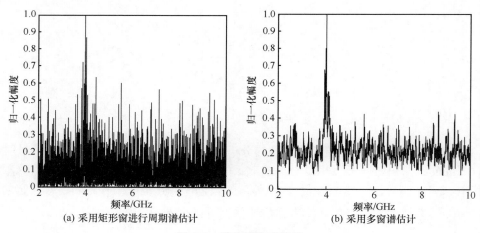

(a) 采用矩形窗进行周期谱估计　　　　　　(b) 采用多窗谱估计

图 5-6　谱估计仿真结果

在多窗谱估计中，时间带宽积 C 的取值决定了扁长椭球波函数的阶数和算法的频谱分辨率，图 5-7 为在其他条件不变的情况下，分别取 $C = 4$ 和 $C = 10$ 的多窗谱估计结果。从图 5-7 中可以看出，随着 C 值的增大，多窗谱估计方差变小，但频谱泄漏增加、频谱分辨率降低。

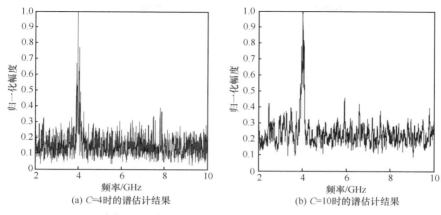

(a) C=4时的谱估计结果　　　　　　　　(b) C=10时的谱估计结果

图 5-7　不同时间带宽积下的多窗谱估计结果

　　各个窗函数在进行傅里叶变换时的频域点数也是算法的内部参数，点数越多，谱估计对信号能量分布情况刻画得越仔细，但同时也加大了系统的计算量，通常情况下，频域点数取值大于样本数据点数。图 5-8 为选取不同频域点数时的多窗谱估计结果。

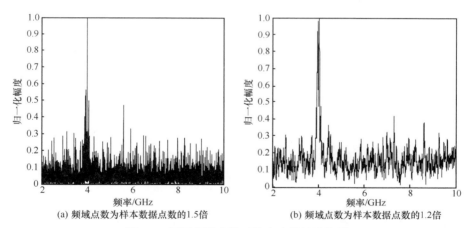

(a) 频域点数为样本数据点数的1.5倍　　　　　(b) 频域点数为样本数据点数的1.2倍

图 5-8　不同频域点数下的多窗谱估计结果

🔍 5.3　干扰温度估计

5.3.1　联合奇异值分解降噪算法

　　由于无线射频环境很复杂，无线信号的空间差异很大，因此 CR 系统在进行干扰温度估计时，为了能够更好地检测待测频段区域内的干扰温度，在频谱分析算法中引入了空间的概念。人们通常会将大量的传感器分布在该区域内，进行无线信号的接收，这些传感器可以是专门设置的接收天线，也可以是 CR 系统的各个无线用户终端。针对来自多个传感器测量得到的多组接收信号，经过恰当的频谱分析算法，即可得到对应于特定空间、时间和频段的干扰温度估计值。

从 5.2.2 节的分析中可以看出，每个传感器在进行多窗谱估计时都对信号的能量进行了最大的聚集，虽然提供了很高的频谱分辨率，但是它并没有起到去噪的作用，在对信号进行能量聚集的同时，噪声也被做了相同的处理。文献[7]中提出了在多个传感器情况下，利用奇异值分解（Singular Value Decomposition，SVD）算法对特征谱 $Y_k(f)$ 进行去噪和干扰温度估计，其思路是针对每一个频点构建矩阵，利用 SVD 算法进行奇异值分解后，再将最大奇异值的模平方 $|\sigma_{max}(f)|^2$ 或最大的几个奇异值的线性组合作为干扰温度的估计。但是，文献[7]中的研究仅限于利用 SVD 方式来获得所需结果，并未从理论上加以分析，更重要的是没有充分利用稳定性较好的谱估计 $S(f)$，而是选择方差较大的特征谱 $Y_k(f)$ 进行奇异值分解，增大了奇异值分解时的噪声；此外，在改进的 SVD 算法中，需要逐个频点地构造矩阵并进行估计，干扰温度估计时采用的是所有奇异值的平方和，严格意义上讲，这样做引入了传感器的内部噪声，屏蔽了 SVD 算法的去噪功能。基于上述几点，从 SVD 算法的特性出发，提出一种新的多传感器多窗谱估计联合 SVD 算法。下面首先简单介绍 SVD 技术。

SVD 技术是一种有效的降噪处理方法，可以用于处理受加性噪声污染的信号[8]。SVD 的定义为：A 是一个 $m \times n$ 的矩阵，秩 $r \leqslant \min(m,n)$，存在 $m \times m$ 的正交矩阵 U 和 $n \times n$ 的正交矩阵 V，使

$$A = U\Sigma V^{\mathrm{T}} \tag{5-13}$$

其中，U 和 V 的列向量分别为 A 的左右奇异值向量，Σ 为 $m \times n$ 的对角阵，即

$$\Sigma = \begin{bmatrix} \Delta & 0 \\ 0 & 0 \end{bmatrix}, \quad \Delta = \mathrm{diag}(\sigma_1, \sigma_2, \cdots, \sigma_r) \tag{5-14}$$

其中，$\sigma_1, \sigma_2, \cdots, \sigma_r$ 为矩阵 A 的非零奇异值。

将 SVD 应用到信号处理时，首先要构造一个 $m \times n$ 的矩阵 A，假设含有噪声的离散样本数据为 $x(n) = s(n) + n(n)$，采样间隔为 Δt，将 $x(n)$ 按等长度 n 个点连续截取 m 段作为矩阵 A 的 m 行，则构造的矩阵 A 为

$$A = \begin{bmatrix} x(1) & x(2) & \cdots & x(n) \\ x(n+1) & x(n+2) & \cdots & x(2n) \\ \vdots & \vdots & \vdots & \vdots \\ x((m-1)n+1) & x((m-1)n+2) & \cdots & x(mn) \end{bmatrix} = A_s + W \tag{5-15}$$

其中，A_s 表示由信号构成的矩阵，W 表示由噪声构成的矩阵，$A_s \in \mathbb{R}^{m \times n}$，$W \in \mathbb{R}^{m \times n}$。

对 $x(n)$ 的 SVD 运算实际上是在已知 A、寻找 A_s 的最佳逼近值的过程，逼近的程度越高，去噪性能越好。对于信号构成的矩阵 A_s 而言，行向量间具有很高的相关度，矩阵的秩为 1。根据 SVD 理论，非零奇异值的个数等于矩阵的秩，但是对于 SVD 的数值运算而言，没有奇异值可以达到零，因此在这里"非零奇异值"可以理解为大于一个很小的正数 ε 的值。因此，矩阵 A_s 的奇异值可以表示为

$$\sigma(A_s) = (\sigma_s, \varepsilon, \varepsilon, \cdots, \varepsilon) \tag{5-16}$$

其中，ε 为一个很小的正数，$\sigma_s \gg \varepsilon$。

式（5-16）表示信号的主要能量被集中到第一个奇异值中，只有很少的一部分被分配到其他奇异值中。而对于矩阵 W 而言，因为噪声序列具有下列自相关特性

$$R_n(\tau) = d^2 \delta(\tau) \tag{5-17}$$

所以矩阵 W 的行向量间是不相关的，矩阵的秩为 m，它的各个奇异值近似相等，即

$$\sigma(W) = (\xi, \xi, \cdots, \xi) \tag{5-18}$$

矩阵 A_s 与 W 的和矩阵 A 的奇异值符合式（5-19）

$$\sigma(A) \leqslant \sigma(A_s) + \sigma(W) \tag{5-19}$$

此时矩阵 A 的非零奇异值包含了样本数据中信号和噪声的能量集中情况，如果信号中没有噪声或信噪比很高，则 $r < \min(m, n)$；如果信号中有噪声或信噪比很低，则 $r = \min(m, n)$。非零奇异值中前 k 个较大的奇异值主要反映信号，较小的则反映噪声，将反映噪声的奇异值置零，只保留前 k 个较大的奇异值，再利用 SVD 的逆变换重建得到逼近矩阵 $\hat{A}$，在 $\hat{A}$ 中噪声被减小[9]。当 $x(n)$ 中仅包含周期为 T 的周期信号且没有噪声时，若 $n\Delta t = kT$（$k = 0, 1, 2, \cdots$），则矩阵进行奇异值分解之后，只有一个非零奇异值 σ_1；其他情况下，都有多个非零奇异值，但当 M 取 $\dfrac{kT}{\Delta t}$ 附近的整数值时，σ_1 将远远大于其他奇异值。

SVD 算法有下列两个特点。

① SVD 算法只用于处理受加性噪声污染的信号，对于噪声是乘性噪声的情况，SVD 算法的去噪效果并不明显。

② SVD 算法充分利用了信号的相关特性，在提取周期性信号方面有很强的优势，有学者已成功地将此算法用于从母体腹部拾取的复合心电信号中提取胎儿的心电信号[10]。

将 SVD 算法应用于谱估计信号中，基站利用接收到的多个谱估计变量 $S_i(f)$ 构建 SVD 矩阵 A

$$A = \begin{bmatrix} w_1 S_1(f_1) & w_1 S_1(f_2) & \cdots & w_1 S_1(f_n) \\ w_2 S_2(f_1) & w_2 S_2(f_2) & \cdots & w_2 S_2(f_n) \\ \vdots & \vdots & \vdots & \vdots \\ w_m S_m(f_1) & w_m S_m(f_2) & \cdots & w_m S_m(f_n) \end{bmatrix} \quad (5\text{-}20)$$

其中，w_i（$i = 1, 2, \cdots, M$）为各个传感器的权重系数。

首先分析没有授权用户出现时的频谱环境，当授权频段中授权用户没有进行通信时，信道中仅有噪声存在，则此时谱估计变量 $S_i(f)$ 反映的是噪声的功率谱密度。假设噪声为加性高斯白噪声，在接收时间无限长的理想情况下，各个传感器检测到的谱估计变量 $S_i(f)$ 应该是一个稳态值 $\frac{a_i N_0}{2}$，其中 a_i 由第 i 个传感器与授权用户发射机之间的距离和信道特性决定。但是在实际应用中，从 CR 用户的角度来看，希望数据传输时间 T_{data} 尽可能长一些，以减小通信中断的可能；从授权用户的角度来看，授权用户具有频谱的优先占用权，所以要求 CR 用户能够快速地检测到授权信号，退出频段。因此，CR 系统要求频谱空洞搜索时间 T_{search} 要尽可能短，即用来进行频谱估计的数据样本都属于短时序列，这就使谱估计变量 $S_i(f)$ 不再是稳态值，而是一个以 $\frac{a_i N_0}{2}$ 为均值的随机振荡波形。此时，利用谱估计变量 $S_i(f)$ 构造矩阵 A 并进行奇异值分解时得到的各阶奇异值如图 5-9 所示。

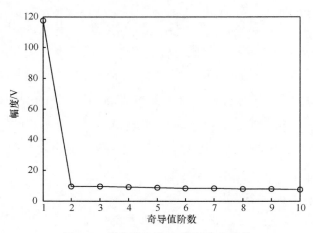

图 5-9　噪声谱矩阵 A 的各阶奇异值

从图 5-9 中可以看出，矩阵 A 的第一个奇异值远远大于其他奇异值，说明各行向量间具有很强的相关性，这是因为噪声功率谱密度不是零均值的随机过程。由于 SVD 运算利用噪声良好的自相关特性进行去噪，而噪声功率谱密度不具备该条件，因此在进行 SVD 逆变换时，重建的逼近矩阵 $\hat{A}$ 中依然保留了绝大部分的噪声功率谱，即噪声对谱估计结果的影响没有得到抑制。根据上述分析，为了更好地利用 SVD 运算的去噪特性，将谱估计变量 $S_i(f)$ 进行"零均值化"处理。

谱估计变量 $S_i(f)$ 可以看成是一个由稳态波 $v_i(f)$ 和动态波 $u_i(f)$ 构成的变量，其中稳态波 $v_i(f)$ 为噪声谱的均值；动态波 $u_i(f)$ 是一个零均值随机过程，它的方差由样本数据长度和传感器所处位置决定。每个传感器在进行功率谱估计的同时，还要计算出噪声谱的均值作为稳态波 $v_i(f)$ 的估计值，将得到的谱估计变量 $S_i(f)$ 减去稳态波 $v_i(f)$，利用处理后动态波的 $u_i(f)$ 代表谱估计变量，即对谱估计变量 $S_i(f)$ 进行"零均值化"处理。此时各个传感器的噪声谱 $u_i(f)$ 是互不相关的，由 $u_i(f)$ 构成的矩阵 A 的各阶奇异值如图 5-10 所示。从图 5-10 中可以看出，矩阵 A 的各阶奇异值近似相等，各个行向量是互不相关的。

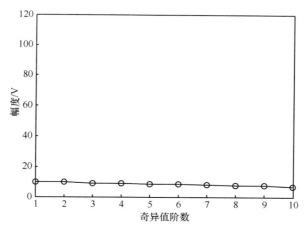

图 5-10　"零均值化"处理后噪声谱矩阵 A 的各阶奇异值

当信道中仅有授权信号存在时，谱估计矩阵 A 的各阶奇异值如图 5-11 所示。从图 5-11 中可以看出，信号谱能量主要体现在第一个奇异值上，各个传感器间的信号谱是具有强相关性的。

根据上述分析可知，系统可以利用信号谱间的强相关性和"零均值化"算法提取出授权用户信号。CR 基站接收到各个传感器发送的谱估计变量后，首先进行"零均值化"处理，利用处理后的谱估计变量 $S_i'(f)$ 构建 SVD 变换矩阵 A。为了能更好地检测出授权用户信号，矩阵 A 的各个行向量可以采用多节点循环排列的方式

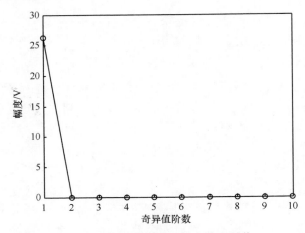

图 5-11　信号谱矩阵 A 的各阶奇异值

$$A = \begin{bmatrix} w_1 S_1 & w_2 S_2 & \cdots & w_n S_n \\ w_2 S_2 & w_3 S_3 & \cdots & w_{n+1} S_{n+1} \\ \vdots & \vdots & \vdots & \vdots \\ w_m S_m & w_{m+1} S_{m+1} & \cdots & w_{m+n-1} S_{m+n-1} \end{bmatrix} \tag{5-21}$$

其中，$S_i = [S_i^{'}(f_1)\ \ S_i^{'}(f_2)\ \cdots\ S_i^{'}(f_W)]$，$W$ 为谱估计变量的频域点数。

对矩阵 A 进行奇异值分解之后，将所有非零奇异值进行排序，保留前 k 个较大的奇异值，而将其他位置的奇异值置零，然后再利用奇异值分解的逆过程得到 $\hat{A}^{(k)}$，将 $\hat{A}^{(k)}$ 称为在重构阶次为 k 时对矩阵 A 的最佳逼近，这时噪声谱在一定程度上得到了抑制。对 $\hat{A}^{(k)}$ 中的元素进行平均运算后，得到的谱估计 $\hat{S}(f)$ 为干扰温度的估计

$$\hat{S}(l) = \frac{1}{mn} \sum_{j=1}^{n} \sum_{i=1}^{m} \hat{A}^{(k)}(i, l + (j-1)W) \tag{5-22}$$

其中，$\hat{S}(l)$ 为 $\hat{S}(f)$ 的第 l 个抽样值。

假设待测区域共有 10 个传感器，取 $m = 8$，$n = 3$，10 个传感器中大部分传感器处于信噪比较低的 NLoS 信道或与授权用户发射机之间存在遮挡物，仅有少数传感器正常工作。根据式（5-21）和式（5-22）对不同传感器的谱估计输出 S_i 进行 SVD 运算和干扰温度估计。图 5-12 为采用文献[7]中逐点干扰温度估计方法的仿真结果，图 5-13 为采用本章 MTM-SVD 算法的干扰温度估计仿真结果。

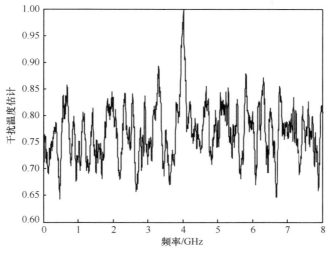

图 5-12　逐点干扰温度估计

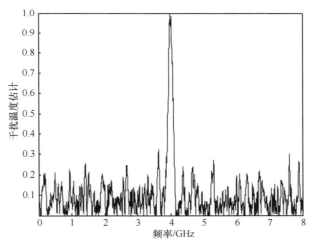

图 5-13　MTM-SVD 算法干扰温度估计

　　从图 5-12 和图 5-13 中可以看出，在检测条件很差的情况下，MTM-SVD 检测算法具有更好的平滑度和稳定性，检测的成功率更高，通过设置合理的干扰温度门限，即可准确地检测出授权信号所在频段位置和信号占用的频带宽度等授权用户信息。但是由于 SVD 运算及其逆运算的计算量都比较大，因此 MTM-SVD 算法的复杂度较高，很难满足系统实时性的要求。基于上述原因，本章对 MTM-SVD 算法进行改进。改进后的算法在计算量上有很大程度的降低，是一种相对而言更好的干扰温度估计算法。

5.3.2 改进的多窗谱估计联合奇异值分解算法

由奇异值分解理论可知，在进行奇异值分解时，矩阵 U 和矩阵 V 的列向量 u_i 和 v_i 分别为矩阵 A 的左右奇异向量

$$u_i^{\mathrm{T}} A = \begin{cases} \sigma_i v_i^{\mathrm{T}}, & i = 1, 2, \cdots, r \\ 0, & i = r+1, \cdots, m \end{cases} \tag{5-23}$$

$$A v_i = \begin{cases} \sigma_i u_i, & i = 1, 2, \cdots, r \\ 0, & i = r+1, \cdots, n \end{cases} \tag{5-24}$$

针对矩阵 V，奇异值分解有两个重要的结论。

① 矩阵 V 列向量的排列对应于矩阵 A 的 r 个非零奇异值的排列顺序。

② 矩阵 V 的前 r 个列向量形成了矩阵 A 的行向量所张成空间的正交基。

由这两个结论可知，矩阵 V 的列向量 v_i 为空间中表示信号谱与噪声谱能量集中程度为 σ_i 的正交基。随着 σ_i 的减小，v_i 反映信号谱能量的能力逐渐减弱。根据 5.3.1 节的分析，信号谱的能量主要体现在第一个奇异值 σ_1 上，而噪声谱的能量均匀分布在各个奇异值上，因此，可以将 σ_1 对应的列向量 v_1 作为干扰温度估计值 $\hat{S}(f)$。图 5-14 为在仿真条件不变的情况下，改进后的干扰温度估计结果。

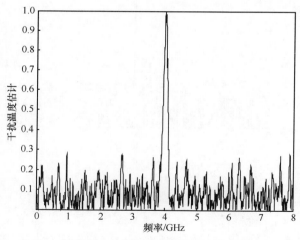

图 5-14　改进后的干扰温度估计

从图 5-14 中可以看出，改进后的算法在干扰温度估计结果上与进行逆运算的估计算法没有区别，在进行频谱检测的性能上没有明显降低。但是由于改进后的算法不需要进行奇异值变换的逆运算和重构后的平均运算，因此，改进后的算法

在保证了较高的检测成功率的同时，大大减小了算法的复杂度。在传统的 SVD 中，改进后的算法逆运算的计算量与 SVD 运算相同。由于 SVD 算法中涉及迭代，因此很难求出算法准确的计算量，但是根据每一次循环所需要的计算量以及实际的实验测试，还是可以得到运算的复杂度。虽然 SVD 算法中出现了迭代，但是由于它是呈现 3 次方快速收敛的，因此对于一个 $m \times q$ 的矩阵 A，一次 SVD 运算的复杂度为 $O(q^3)$，文献[11]中给出了系数的大概估计为 20。此外，在利用式（5-22）进行干扰温度估计时，还需要进行 $(mn-1) \times \mathrm{nfft}$ 次加法运算。令 Q 表示传统 SVD 运算和改进后算法的计算量之比，则有

$$Q = 2 + \frac{nm-1}{20n^3 \mathrm{nfft}^2} \qquad (5\text{-}25)$$

由于 nfft 运算的取值通常较大，因此式（5-25）的第二项可以略去，即改进后算法的复杂度仅为传统 SVD 算法的一半。

在 CUWB 系统中，授权用户具有对频谱资源的优先占用权，为了避免对授权用户产生干扰，CR 用户的首要任务就是高速、可靠地检测到授权用户和新的频谱空洞，快速、准确的频谱检测算法是有效开展认知业务的前提。MTM-SVD 算法是有效的、快速的频谱检测方法，能够将接收机内部热噪声和外界干扰分开，获得干扰温度的估计值。谱估计变量"零均值化"处理方法，能够更好地适应外界射频环境的变化，自适应地抑制噪声影响，从而得到与实际情况更加一致的频谱空洞检测结果，更加适应于 CUWB 的各种应用场景。针对算法计算量较大的问题，MTM-SVD 改进算法可减小系统的计算量，提高频谱检测的实时性。

参 考 文 献

[1] 胡广书. 数字信号处理-理论算法与实现[M]. 北京: 清华大学出版社, 2008.

[2] 林治铖. 谱估计中最佳高分辨率窗函数的逼近算法与实现[J]. 大连理工大学学报, 1992, 32(1): 107-111.

[3] THOMSON D J. Spectrum estimation and harmonic analysis[J]. Proceedings of the IEEE, 1982, 70(9): 1055-1096.

[4] ZANANDREA A , COSTA J M D , DUTRA S L G , et al. Spectral and polarization analysis of geomagnetic pulsations data using a multitaper method[J]. Computers & Geosciences, 2004, 30(8): 797-808.

[5] 徐自励, 华伟, 王一扬. 多窗谱估计法估计相干函数的双端语音检测[J]. 通信技术, 2007(5): 1-3.

[6] BANSAL A R, DIMRI V P, SAGAR G V. Depth estimation from gravity data using the

maximum entropy method (MEM) and the multi taper method (MTM)[J]. Pure and Applied Geophysics, 2006, 163(7): 1417-1434.

[7] 杨志伟, 杨家玮. 认知无线电中的一种干扰温度估计算法[J]. 电子技术应用, 2006, 33(12): 128-130.

[8] 孙鑫晖, 张令弥, 王彤. 基于奇异值分解的频响函数降噪方法[J]. 振动、测试与诊断, 2009, 29(3): 325-328.

[9] 张贤达. 矩阵分析与应用[M]. 北京: 清华大学出版社, 2004.

[10] 李建, 刘红星, 屈梁生. 探测信号中周期性冲击分量的奇异值分解技术[J]. 振动工程学报, 2002, 15(4): 415-418.

[11] JESSE L B. More accurate bidiagonal reduction for computing the singular value decomposition[J]. SIAM Journal on Matrix Analysis and Applications, 2002, 23(3): 761-798.

第6章
超宽带脉冲信号波形

🔍 6.1 超宽带成形脉冲设计要求及评价指标

6.1.1 成形脉冲设计要求

FCC 规范决定了 UWB 系统的一般特性,根据 FCC 对 UWB 的定义可知,UWB 信号的要求是在整个传输过程中,射频信号不能低于 500 MHz 带宽,或者是不能低于 20% 的相对带宽。那么如何对超宽带脉冲波形进行合理的设计,还必须涉及具体的应用需求、频带规划、规则约束、频谱环境、与其他通信系统的共存性问题以及系统复杂度等诸多影响因素。因此,对超宽带的成形脉冲设计有如下规定[1]。

① 必须工作在法定工作频段:(3.1~10.6 GHz),同时在该频段内信号能量必须集中。

② 严格符合 FCC 对 UWB 信号的定义,在射频信号上限-10 dB 间最小的频带间隔为 500 MHz。

③ 必须要求所设计的 UWB 信号不能高于能量谱的-20 dB。

④ UWB 系统最强射频能量谱函数不允许大于-41.3 dBm/MHz。

⑤ 为了提高天线的整体效率,UWB 无线传输中所使用的脉冲必须满足如下要求:脉冲使低频分量越少越好。假设 UWB 成形脉冲的波形和频谱可表示为 $p(t)$ 和 $P(f)$,根据 Parseval 原理有

$$\int_{-\infty}^{+\infty} p(t)\mathrm{d}t = P(f=0) = 0 \tag{6-1}$$

6.1.2 成形脉冲评价指标

根据超宽带无线通信传输的情况,UWB 成形脉冲必须进行优化选择。与传

统窄带传输相比，超宽带传输不再受频带的限制，相反，超宽带传输的可用频谱资源十分丰富。因此，在实施具体的传输设计时，必须提到的受限要求是辐射功率。FCC 也规定了限制超宽带系统的平均射频能量与最大射频能量，平均天线能量即增益为 1 的限制，作为有效全向辐射功率（Effective Isotropic Radiated Power, EIRP）来衡量。最大射频能量需要不断地在脉冲信号内找出。然而，由于 FCC 的规定，最大的射频能量需要在 1 MHz 宽度内找寻。此时，连续发送的最大能量谱函数可以由式（6-2）得出，其值恰好是−41.3 dBm/MHz 的信号 $S(f)$ 的总射频能量。

$$P_{\text{EIRP}} = 10\log\left(10^{-41.3/10}10^{-3}\int_0^\infty S(f)^2\,\mathrm{d}f\right) \tag{6-2}$$

其中，$S(f)$ 峰值幅度设为 1，频率 f 的单位是 Hz。

$S(f)$ 越靠近能量谱函数（PSD）的使用限制，信号的发射功率就越大。所以，对于超宽带传输来说，最好的标准是功率利用率。

为了便于比较超宽带成形脉冲信号的优良，使用的标准如下。

（1）总辐射功率 P_{TX}

在符合基本要求的情况中，射频在整个频带上全部能量。如果单边脉冲信号能量谱函数为 $\text{PSD}(f)$，则有

$$P_{\text{TX}} = \int_0^{+\infty} \text{PSD}(f)\mathrm{d}f \tag{6-3}$$

（2）−10 dB 带宽内功率 $P_{-10\,\text{dB}}$

在符合基本要求的前提下，为了增大传输的可用辐射能量，−10 dB 的脉冲波形频带应尽量宽，脉冲信号的能量最好都在−10 dB 的带宽以内。若 f_{H} 与 f_{L} 分别表示脉冲信号在−10 dB 处的上限与下限频率，则有

$$P_{-10\,\text{dB}} = \int_{f_{\text{L}}}^{f_{\text{H}}} \text{PSD}(f)\mathrm{d}f \tag{6-4}$$

（3）−10 dB 带宽内功率与总能量比值 $\eta_{-10\,\text{dB}}$

$P_{-10\text{dB}}$ 与总能量 P_{TX} 相对应，可以看出信号能量集中度，即

$$\eta_{-10\,\text{dB}} = \frac{P_{-10\,\text{dB}}}{P_{\text{TX}}} \tag{6-5}$$

（4）−10 dB 带宽内功率与最大可用能量比值 η_ρ

$P_{-10\,\text{dB}}$ 与 FCC 允许的最大可用能量之比，决定的是信号在全部带宽能量中的有效利用率，即

$$\eta_\rho = \frac{P_{-10\,\text{dB}}}{10^{-4.13}B_{-10\,\text{dB}}} \tag{6-6}$$

其中，$B_{-10\,dB}$ 为信号-10 dB 绝对带宽，单位为 MHz。

（5）分数带宽 $\eta_{fractional}$

带宽分数较高的脉冲波形可以造成 UWB 传输在大噪声情况下有较小的衰减，从系统设计角度看，这意味着系统将需要较低的余量以克服链路中的多径衰落，因而能够以较少的发射功率提供更高的顽健性[2]。

6.2　典型 UWB 成形脉冲

早期的超宽带系统采用无载波脉冲携带信息，又称无载波通信，系统不需要复杂的载波调制解调，可大大降低系统实现的复杂度。超宽带的新定义和频谱分配对超宽带信号成形技术提出了新的挑战，促进了超宽带信号成形技术的研究[3-5]。目前，经常用在 UWB 系统进行设计的脉冲主要有高斯系列脉冲、升余弦脉冲、Hermite 脉冲和扁长椭球波函数（PSWF）脉冲，下面将分别进行介绍。

6.2.1　高斯系列脉冲

高斯系列脉冲经常出现在 UWB 信号的时域分析和信号处理的过程中，这主要取决于：首先高斯脉冲是很方便产生的；其次不管是分布在时间范围内的高斯函数的波形还是对应的频率范围内的波形，都可以有准确的数学表示式，在具体分析时很方便。高斯函数的一般形式为

$$f(t) = \pm \frac{1}{\sqrt{2\pi\sigma^2}} e^{-\frac{t^2}{2\sigma^2}} = \pm \frac{\sqrt{2}}{\alpha} e^{-\frac{2\pi t^2}{\sigma^2}}$$（6-7）

其中，α 为脉冲形成因子，且有 $\alpha^2 = 4\pi\sigma^2$。

如果脉冲形成因子的取值不同，就可以形成不同的高斯脉冲表达式。其时域波形和频域波形分别如图 6-1 和图 6-2 所示。

从图 6-1 和图 6-2 中可以看出，脉冲宽度的大小随着脉冲形成因子的改变而改变，脉冲形成因子越小，脉冲的时域宽度就越小，从而传输信号的带宽越宽。因此通过改变脉冲形成因子的大小，同一高斯脉冲函数可以得到不同的信号带宽。

基于式（6-7），高斯脉冲描述为

$$p(t) = A_p e^{-\frac{2\pi t^2}{\alpha^2}}$$（6-8）

其中，A_p 为脉冲幅度。当 $A_p = \pm\sqrt{\dfrac{2}{\alpha}}$ 时，$p(t)$ 具有单位能量。α 可以改变脉宽，这

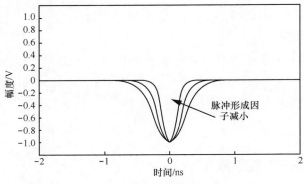

图 6-1　高斯脉冲时域波形

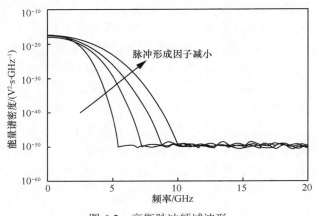

图 6-2　高斯脉冲频域波形

会决定信号带宽的延展与紧缩。由傅里叶变换可得，高斯脉冲 $p(t)$ 的频谱 $p(f)$ 为

$$p(f) = A_p \frac{\alpha}{\sqrt{2}} e^{-\frac{\pi \alpha^2 f^2}{2}}　　　　（6-9）$$

通常，高斯脉冲的能量主要汇集于低频范围，但若要实现有用的辐射过程，天线必须使用没有直流的发射脉冲。因此一般高斯脉冲本身并不用于工程研究，人们更多的时候会选择使用高斯脉冲的各阶导数脉冲作为基本脉冲。

高斯系列脉冲包括高斯脉冲及其各阶导数脉冲，是最具代表性的无载波脉冲。高斯各阶导数脉冲均可由高斯脉冲通过逐次求导得到。令高斯脉冲的 k 阶导数为 $p^k(t)$，则可得到其对应的频谱 $p_k(f)$ 为

$$P_k(f) = A_p \frac{\alpha (2\pi)^k}{\sqrt{2}} f^k e^{-\frac{\pi \alpha^2 f^2}{2}}　　　　（6-10）$$

　　显然，高斯脉冲的各阶导数脉冲都没有直流分量。令 $P_k(f)=0$，可得到关于峰值频率 f_{peak}、导函数的阶 k 和脉冲形成因子 α 三者之间的一般关系式为

$$f_{\text{peak}} = \frac{\sqrt{k}}{\alpha\sqrt{\pi}} \tag{6-11}$$

　　可见，当脉冲形成因子 α 一定时，k 阶高斯脉冲的峰值频率随着 k 的增大而增大。图 6-3 给出了高斯脉冲及其前 15 阶导数的时域波形，图 6-4 为对应的能量谱密度，其中 $\alpha = 0.714\,\text{ns}$。由图 6-3 和图 6-4 可知，随着脉冲导数阶数的增加，过零点数逐渐增加，信号中心频率向高频移动，但信号带宽无明显变化。因此，对高斯脉冲进行求导是一种将能量搬移至更高频段的方法。于是，通过对脉冲形成因子和阶数的控制，可以设计出具有不同频谱特性的高斯系列脉冲。

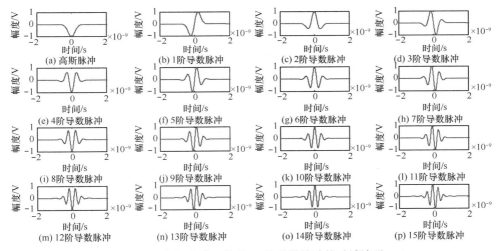

图 6-3　高斯脉冲及其前 15 阶导数脉冲的时域波形

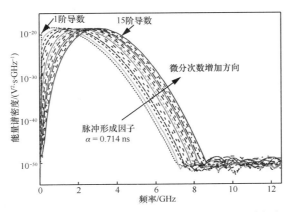

图 6-4　高斯脉冲及其前 15 阶导数脉冲的能量谱密度

6.2.2　升余弦脉冲

升余弦脉冲信号能够很好地满足 FCC 辐射掩蔽要求，它在频域上的表达式为[6]

$$H(f)=\begin{cases}1, & |f|<f_l \\ \dfrac{1}{2}\left\{1+\cos\left[\dfrac{\pi\left(|f|-f_l\right)}{f_\Delta}\right]\right\}, & f_\Delta<|f|<B \\ 0, & |f|>B\end{cases} \quad （6\text{-}12）$$

其中，B 为带宽，$f_\Delta=B-f_{6\,\mathrm{dB}}$，$f_l=f_{6\,\mathrm{dB}}-f_\Delta$，$f_{6\,\mathrm{dB}}$ 是功率降低-6 dB 时的频率点。为保证带宽分布在 FCC 规定的 7.5 GHz 工作频段内，可以将 $f_{6\,\mathrm{dB}}$ 假设为 3.75 GHz。

式（6-12）经过傅里叶变换的时域表达式为

$$h(t)=\frac{\sin(2\pi f_{6\,\mathrm{dB}}t)}{\pi t}\left[\frac{\cos(2\pi f_\Delta t)}{(1-4f_\Delta t)^2}\right] \quad （6\text{-}13）$$

由式（6-13）可知，$f(t)$ 是一个低通信号，它的频率范围是($f_{-6\,\mathrm{dB}}$, $f_{6\,\mathrm{dB}}$)，因此它必须经过频谱搬移。通过载波将其混频到工作频段后，可得到表达式为

$$p(t)=h(t)\cos(2\pi f_c t) \quad （6\text{-}14）$$

其中，f_c =6.85 GHz 为中心频率。

升余弦脉冲的时域波形和频域波形分别如图 6-5 和图 6-6 所示。

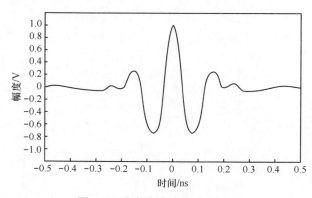

图 6-5　升余弦脉冲的时域波形

由图 6-5 和图 6-6 可以看出，相比于高斯脉冲，升余弦脉冲能够更充分地利用频谱资源。但是，升余弦脉冲信号的产生较困难，电路设计较复杂，因此并没

有绝对优势，应用也较少。

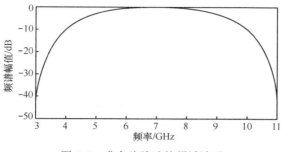

图 6-6　升余弦脉冲的频域波形

6.2.3　Hermite 脉冲

Hermite 多项式脉冲信号是一种基于 Hermite 多项式的脉冲设计方法，其定义式为[7]

$$\begin{cases} h_{e_0}(t) = 1 \\ h_{e_n}(t) = (-1)^n e^{\frac{t^2}{2}} \dfrac{d^n}{dt^n}\left(e^{-\frac{t^2}{2}}\right) \end{cases} \qquad (6\text{-}15)$$

其中，n 的取值为 $n=1,2,3,\cdots$；t 的取值为 $-\infty < t < \infty$。根据定义，Hermite 多项式的前 8 项为

$$h_{e_1}(t) = t$$

$$h_{e_2}(t) = t^2 - 1$$

$$h_{e_3}(t) = t^3 - 3t$$

$$h_{e_4}(t) = t^4 - 6t^2 + 3$$

$$h_{e_5}(t) = t^5 - 10t^3 + 15t$$

$$h_{e_6}(t) = t^6 - 15t^4 + 45t^2 - 15$$

$$h_{e_7}(t) = t^7 - 21t^5 + 105t^3 - 105t$$

$$h_{e_8}(t) = t^8 - 28t^6 + 2\,010t^4 - 420t^2 + 105$$

如果有定义在 (t_1, t_2) 的区间函数 $\varphi_1(t)$ 和 $\varphi_2(t)$，当两者的乘积在区间 (t_1, t_2) 的

积分为 0 时，称为函数 $\varphi_1(t)$ 和 $\varphi_2(t)$ 在区间 (t_1,t_2) 内正交，如果 n 个函数 $\varphi_1(t),\varphi_2(t),\cdots,\varphi_n(t)$ 构成一个函数集，函数两两正交，则称此函数为区间 (t_1,t_2) 内的正交函数集。取式（6-15）定义的两个 Hermite 多项式进行下列运算

$$\int_{-\infty}^{\infty} h_{e_1}(t)h_{e_3}(t)\mathrm{d}t = \int_{-\infty}^{\infty} t(t^3-3t)\mathrm{d}t = \infty \qquad （6\text{-}16）$$

可以证明式（6-15）定义的 Hermite 多项式并非相互正交的，因此对式（6-16）进行修改，使之变成相互正交的形式。修正后的表达式为

$$h_n(t) = \mathrm{e}^{-\frac{t^2}{q}} h_{e_n}(t) \qquad （6\text{-}17）$$

当 $q=4$ 时，修正的 Hermite 多项式构成正交函数集。

Hermite 脉冲前 4 项修正后的表达式为

$$h_0(t) = \mathrm{e}^{-\frac{t^2}{4}}$$

$$h_1(t) = t\mathrm{e}^{-\frac{t^2}{4}}$$

$$h_2(t) = (t^2-1)\mathrm{e}^{-\frac{t^2}{4}}$$

$$h_3(t) = (t^3-3t)\mathrm{e}^{-\frac{t^2}{4}}$$

相应的傅里叶变换为

$$H_0(f) = 2\sqrt{\pi}\mathrm{e}^{-4\pi^2 f^2}$$

$$H_1(f) = (-\mathrm{j}4\pi f)2\sqrt{\pi}\mathrm{e}^{-4\pi^2 f^2}$$

$$H_2(f) = (1-16\pi^2 f^2)2\sqrt{\pi}\mathrm{e}^{-4\pi^2 f^2}$$

$$H_3(f) = (-\mathrm{j}12\pi f + \mathrm{j}64\pi^3 f^3)2\sqrt{\pi}\mathrm{e}^{-4\pi^2 f^2}$$

图 6-7 为 0 阶到 3 阶修正 Hermite 多项式的波形。从数学表达式和图 6-7 中都可以看出，0 阶和 1 阶的修正 Hermite 多项式的波形与高斯脉冲波形比较一致，由于修正 Hermite 多项式中增加的衰减因子 $\mathrm{e}^{-\frac{t^2}{4}}$ 为固定值，且其衰减速度远远大于 Hermite 多项式的增长速度，各阶修正 Hermite 多项式所对应的波形宽度基本一致。修正后的 Hermite 脉冲基本能够很好地保证正交性，且除 0 阶以外的各阶导数都不含有直流分量，因此适用于 UWB 通信。由于各阶导数满足正交性，Hermite 脉冲与高斯脉冲相比具有更强的抑制多址干扰的能力。

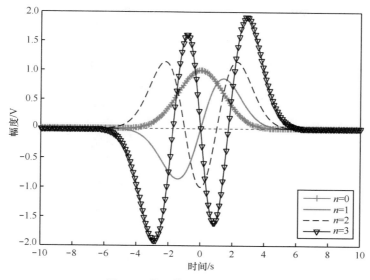

图 6-7　修正的 Hermite 多项式

6.2.4　扁长椭球波函数脉冲

扁长椭球波函数（PSWF）最早由 Slepian 和 Pollack 提出，它是一种完备的正交函数集，不仅可以很好地满足 FCC 辐射掩蔽要求，而且在时域和频域上都可以保持良好的正交性。本书中子路脉冲的设计便是利用了扁长椭球波函数，其具体特性在 7.2.1 节中会进一步阐述。

6.3　基于脉冲调制的 TH-PPM UWB 信号分析

受到广泛关注的跳时–脉冲位置调制（TH-PPM）是超宽带系统中常用的处理做法，下面介绍基于该信号模型的 UWB 系统。

6.3.1　TH-PPM 信号波形

基于 TH-PPM 的 UWB 系统是将跳时多址（THMA）与脉位调制（PPM）相结合的基于脉冲位置调制的跳时超宽带（TH-PPM）系统，具体是将经过跳时序列的信号根据发送信号的不同来进行 PPM 移位，换言之，为了形成所需的信号频谱结构，抑制 PPM 信号的离散谱线，还需采用伪随机序列（PN）与用户信号一起确定已经调制处理信号的输出。TH-PPM 超宽带无线通信系统原理框架如图 6-8 所示。

图 6-8　TH-PPM 超宽带无线通信系统原理框架

给定二进制信息序列 Data $= (d_0, d_1, d_2, \cdots, d_k)$，其速率为 $R_b = \dfrac{1}{T_b}$，通过重复编码使每个比特重复 N_s 次，得到新的序列 Data' $= (d_0, \cdots, d_0, d_1, \cdots, d_1, \cdots, d_k, \cdots, d_k)$，此时速率为 $R_b = \dfrac{N_s}{T_b}$，该部分引入冗余是为了提高数据传输的可靠性。在发送编码模块，伪随机序列 C_j 对新的序列 Data' 产生作用。通过以上级联模块后，系统的发射信号可以表示为

$$s(t) = \sqrt{E_p} \sum_{j=-\infty}^{+\infty} \sum_{n=1}^{N_s} p(t - \underbrace{jT_s - C_j T_c}_{\text{time-hopping}} - \underbrace{d_j^{(k)} \varepsilon}_{\text{PPM}}) \qquad (6\text{-}18)$$

其中，$p(t)$ 为超宽带脉冲波形；T_s 为脉冲的宽度；C_j 为伪随机序列；T_c 为码片时间，且满足 $T_c = N_s T_s$；ε 为 PPM 偏移量。$C_j T_c$ 是由 TH 码引起的时移，ε 是由 PPM 引起的位移，通常 ε 要比 $C_j T_c$ 小得多，即 $d_j \varepsilon < C_j T_c$。

每一个 TH 码都是一个由 N_p 随机变量组成的序列，这些随机变量相互独立且同分布，并以概率 $\dfrac{1}{N_h}$ 取 $[0, N_h - 1]$ 范围内的整数值，N_h 是一个帧周期时间内最大可能的跳时位置数，在工程应用中，一般取 $N_p = N_s$。

在发射端，连续两个脉冲时间的间隔远超过脉冲宽度，因此，完成多址通信的过程即为使用不同时间间隔来传输多个信源之间信息的过程。与此同时，由于 PPM 的调制时间偏移 $d_j \varepsilon < C_j T_c$，因此允许将脉冲看成是等间隔的，此时射频信号的能量谱密度（Power Spectra Density, PSD）可以看作梳状能量谱密度，其发射能量可能对另外的窄带传输产生较强影响。因此可通过使用另外的跳时调制，使连续的脉冲时间的间隙是不同间隙，这不仅可以使射频的能量谱变得更好，而且消除了超宽带传输对窄带传输的影响。TH-PPM 通信充分使用了具有正交性信源的跳时码，不仅成功消除了多信源之间的相互影响，而且减小了射频系统的离散谱线。同样，TH-PPM 通信系统也允许判断目前的信道情形改变脉冲总数 N_s，从而通过改变数据传输能力来达到平衡信道的要求。

6.3.2　TH-PPM 脉冲信号的功率谱密度分析

接下来，以 TH-PPM 脉冲信号为例进行分析。对于式（6-18）给定的基于

TH-PPM 的 UWB 信号，其能量谱函数为

$$P_s\left(f\right) = \frac{\left|P_v\left(f\right)\right|^2}{T_s}\left[1 - \left|W\left(f\right)\right|^2 + \frac{\left|W\left(f\right)\right|^2}{T_s}\sum_{n=-\infty}^{+\infty}\delta\left(f - \frac{n}{T_s}\right)\right] \tag{6-19}$$

其中，$W\left(f\right)$ 为概率密度函数 w 的傅里叶变换，并且等于 w 的特征函数在 $-2\pi f$ 处的值。

$$W\left(f\right) = \int_{-\infty}^{+\infty} w\left(s\right)\mathrm{e}^{-\mathrm{j}2\pi f_s}\mathrm{d}s = \left\langle \mathrm{e}^{-\mathrm{j}2\pi f_s}\right\rangle = C\left(-2\pi f\right) \tag{6-20}$$

$P_v\left(f\right)$ 是射频多路信息的频谱，脉冲 $p(t)$ 的频率谱 $P_v\left(f\right)$ 表示为

$$P_v\left(f\right) = P\left(f\right)\sum_{m=0}^{N_s-1}\mathrm{e}^{-\mathrm{j}2\pi f\left(mT_f + c_m T_c\right)} \tag{6-21}$$

式（6-19）表明 PPM 信号的能量谱函数可以分为连续结构和离散结构，连续结构由 $1 - \left|W\left(f\right)\right|^2$ 决定，离散结构的构成成分为 $\dfrac{1}{T_s}$ 处的线性分量，即脉冲重复量和谐波。采取正交跳时码可消除信源符号间的相互影响，由于连续脉冲间的长度是随机的，因此减弱了信号的离散能量谱，使超宽带系统对其他系统的干扰降低。另外，TH-PPM 系统中不需要载波，设备比较简单。增加脉冲重复次数可使系统的性能明显改善，因此，系统的稳健性是以复杂性为代价的。

由于 $W\left(f\right)$ 是一个概率密度函数的傅里叶变换，因此在 $f = 0$ 处的值为 1，即 $W\left(0\right) = 1$。因此，频谱的连续部分的频谱值在零频处是 0，并且随着频率值的增大而增大。频谱的离散部分受 $\left|W\left(f\right)\right|^2$ 加权的影响，在低频附近较大，而在较高频率处较小。这种情况可利用构造良好的算法来避免，比如无频偏用信息 0 代替，其中可能性为 p，含频偏用信息 1 代替，其中可能性为 $1 - p$，于是有

$$\left|W\left(f\right)\right|^2 = 1 + 2p^2\left(1 - \cos\left(2\pi f\varepsilon\right)\right) - 2p\left(1 - \cos\left(2\pi f\varepsilon\right)\right) \tag{6-22}$$

把式（6-21）代入式（6-19），可得

$$P_s\left(f\right) = \frac{\left|P\left(f\right)\right|^2}{T_s}\left[1 - \left|W\left(f\right)\right|^2 + \frac{\left|W\left(f\right)\right|^2}{T_s}\sum_{n=-\infty}^{+\infty}\delta\left(f - \frac{n}{T_s}\right)\right]\left|\sum_{m=0}^{N_s-1}\mathrm{e}^{-\mathrm{j}2\pi f\left(mT_f + c_m T_c\right)}\right| \tag{6-23}$$

从式（6-23）可以看出，与正弦调制信号一样，TH-PPM UWB 信号的能量谱密度包络情况由脉冲 $p(t)$ 的波形决定。综上所述，对于 TH-PPM UWB 系统来讲，如何产生合适的波形是非常关键的一步。

Q 6.4　脉冲波形设计的影响因素

超宽带信号可在 500 MHz～7.5 GHz 的带宽内进行自由选择，因此如何科学合理地划分 UWB 的频带资源成为研究热点之一。目前出现了两种划分方式，一种是单子带系统，指使用全部的带宽作为一个整体划分；另一种是多子带系统，指使用部分带宽让每一个子带都有自己的工作带宽。二者均可以有效地增加频谱的使用程度，有关频谱利用率的说明将会在后续章节中进行详细介绍。对于单子带系统来说，虽然不能十分灵活地利用大量的频谱资源，但是可以通过改变脉冲波形，或者进行脉冲优化设计来获取频谱形成，并在满足基本规定的前提下最大限度地提高频谱利用率。频谱形成主要可以采用以下 3 种方法：修改脉宽、脉冲执行求导过程和对基函数线性组合。这 3 种方法在技术上易实现，计算量也不是很大。单子带系统的实现复杂度低，但为了增大频谱利用的灵活性，很多研究人员提出了多子带系统的设计。多子带系统中子带数目的增加可以提高数据传输速率，但是这会使系统设计的复杂度提高。

在实际应用中，一些常用的脉冲波形的能量大多集中在低频部分，而天线的辐射效率是随着频率而改变的，那么如何把有用的低频能量尽可能地辐射出去，在硬件实现上有一定难度。这些都是需要考虑在波形设计中的影响因素。

参 考 文 献

[1] CONROY J T, LOCICERO J L, UCCI D R. Communication techniques using monopulse waveforms[C]//Military Communications Conference Proceedings. 1999: 1185-1191.

[2] WELBORN M, MCCORKLE J. The importance of fractional bandwidth in ultra-wideband pulse design[C]//IEEE International Conference on Communications. 2002: 753-757.

[3] LU G, SPASOJEVIC P, GREENSTEIN L. Antenna and pulse designs for meeting UWB spectrum density requirements[C]//IEEE Conference on Ultra Wideband Systems and Technologies. 2003: 162-166.

[4] WU Z Q, ZHU F, NASSAR C R. High performance ultra-wide bandwidth systems via novel pulse shaping and frequency domain processing[C]//IEEE Conference on Ultra Wideband Systems and Technologies. 2002: 53-58.

[5] WU Y N, MOLISCH A F, KUNG S Y, et al. Impulse radio pulse shaping for ultra-wide bandwidth (UWB) systems[C]//14th IEEE Proceedings on Personal, Indoor and Mobile Radio Communications. 2003: 877-881.

[6] 吴建斌, 田茂. 一种超宽带窄脉冲信号发生器的设计[J]. 电子测量技术, 2007, 30(6): 198-200.

[7] 周刘蕾, 朱洪波, 张乃通. 基于认知无线电的超宽带系统中窄带干扰抑制技术[J]. 通信学报, 2008, 29(3): 135-140.

第7章
基于 PSWF 的 UWB
单带脉冲设计

🔍 7.1　UWB 单带脉冲设计要求

　　由于超宽带无线电信号与其他无线电信号同时存在，因此，对现有通信系统的干扰必须要限定在某一范围内，这就意味着在任一给定频率上的空中接口都必须有一个最大允许功率，这个功率的值由 FCC 制定的辐射掩蔽 $S_{mask}(f)$ 来确定[1]。

　　$S_{mask}(f)$ 对辐射信号的功率谱密度加以限制，即对某一频率范围内的有效全向辐射功率（EIRP）的频谱密度加以限制。但事实上，在某一给定的频率 f_c 处，$S_{mask}(f)$ 以功率值给出，表明了在中心频率 f_c 附近的测量带宽（mb）范围内允许的最大 EIRP，用 $EIRP_{mb}$ 表示。对于室内 UWB 系统，$S_{mask}(f)$ 是针对 3.1～10.6 GHz 范围内的−10 dB 带宽，同时对于带外的辐射掩蔽也有严格的限制。脉冲波形设计的关键任务是使波形的功率谱密度逼近辐射掩蔽 $S_{mask}(f)$，即在传输功率低于 FCC 限定的条件下取得最大值，从而尽可能地提高频谱利用率。FCC 规定的辐射掩蔽限制 $S_{mask}(f)$ 如表 7-1 所示。

表 7-1　辐射掩蔽模板

频率 f_c/GHz	室内 $EIRP_{mb}$/dBm	室外 $EIRP_{mb}$/dBm
<0.96	−41.3	−41.3
0.96～1.61	−75.3	−75.3
1.61～1.99	−53.3	−63.3
1.99～3.1	−51.3	−61.3
3.1～10.6	−41.3	−41.3
>10.6	−51.3	−61.3

传统的 UWB 系统中不同用户使用相同的脉冲来传送信息，用户间使用不同的扩谱码来区分，但是同样的脉冲会导致用户间干扰，从而降低系统容量。为了提高容量，系统可以采用脉冲波形多址来实现多用户接入，即不同的用户分配不同的波形，各个波形之间相互正交。

目前，UWB 脉冲设计有两种模式：一种是从时域到频域的方向上设计 UWB 脉冲，即根据脉冲的时域表达式分析其频谱是否满足 FCC 的辐射掩蔽，按 FCC 的约束修订 UWB 脉冲参数；另一种是从频域到时域的方向上设计 UWB 脉冲，即根据辐射掩蔽约束求得脉冲的时域表达式。

超宽带系统描述的是任何带宽大于 500 MHz 或者相对带宽大于 0.2 的无线系统。在 FCC 允许以非授权方式工作的 3.1～10.6 GHz 频段内，认知超宽带脉冲信号的带宽选择和功率设置具有很大的自由度。

7.2　扁长椭球波函数（PSWF）

7.2.1　基本概念

在具体的应用中，系统需要的是同时具备时间上有限定值且频域上也有限定值的函数，但这样的函数不容易找到。1959 年，Shannon 在参观贝尔实验室时提出了一个著名的问题：一个函数在多大程度上它的频谱限制于有限带宽而同时又在时域上是集中分布的？根据海森伯格（Heisenberg）测不准则：时间上限定和频带上也限定是相互矛盾的，即若传输波形在时域有限，那么其频谱必定是无限宽的，反之也成立。因此，同时满足两种限定的特殊函数特别不容易找到。这个问题最终由贝尔实验室的 Slepian 和 Pollack 等给出了明确的答案。经研究，Slepian 等发现在椭球坐标系下求解赫姆霍兹方程时，零阶角向扁长椭球波函数的能量可最大地集中于给定的时间区域 $\left[-\dfrac{T}{2}, \dfrac{T}{2}\right]$ 内，且是一种完备的正交函数集，被认为是 UWB 通信系统最适用的函数脉冲。

扁长椭球波函数集 $\{\varphi_i(t)\}$ 可以表示为：对于任何的 $T>0$ 和任何上限的 $\Omega>0$，都会有一个 $\{\varphi_i(t)\}$ 和一组 $\lambda_0 > \lambda_1 > \cdots > \lambda_i > \cdots$，其中 $i \in \{0,1,2,\cdots\}$，当 $i \to \infty$ 时，$\lambda_i \to 0$，且有下面的表达式成立[2-5]

$$\int_{-\infty}^{\infty} \varphi_i(t)\varphi_j(t)\mathrm{d}t = \delta_{i,j} = \begin{cases} 1, & i = j \\ 0, & i \neq j \end{cases} \tag{7-1}$$

$$\int_{-\frac{T}{2}}^{\frac{T}{2}} \varphi_i(t)\varphi_j(t)\mathrm{d}t = \lambda_i\delta_{i,j} = \begin{cases} \lambda_i, & i=j \\ 0, & i \neq j \end{cases} \tag{7-2}$$

同时，它们也是如下积分和微分方程的特征函数

$$\int_{-\frac{T}{2}}^{\frac{T}{2}} \varphi(x)\frac{\sin\Omega(t-x)}{\pi(t-x)}\mathrm{d}x = \lambda\varphi(t) \tag{7-3}$$

$$(1-t^2)\frac{\mathrm{d}^2\varphi(t)}{\mathrm{d}t^2} - 2t\frac{\mathrm{d}\varphi(t)}{\mathrm{d}t} + (\chi - C^2 t^2)\varphi(t) = 0 \tag{7-4}$$

其中，$\varphi(t)$ 为扁长椭球波的特征函数；λ 和 χ 为对应的特征值；$C = \dfrac{T\Omega}{2} = \dfrac{2\pi TW}{2} = \pi TW$ 为系统的时间带宽积。

PSWF 的 $\{\varphi_i(t)\}$ 非常有特点，从表达式可知，它具备双正交性。而且，它还有个很奇特的地方在于，上面所提到的公式不仅可以在时域上表示，换到对应的频域上也是可以表示的。因此有下面的表达式成立

$$\int_{-\frac{\Omega}{2}}^{\frac{\Omega}{2}} \varphi_i(\omega)\varphi_j(\omega)\mathrm{d}\omega = \lambda_i\delta_{i,j} = \begin{cases} \lambda_i, & i=j \\ 0, & i \neq j \end{cases} \tag{7-5}$$

$$\int_{-\frac{\Omega}{2}}^{\frac{\Omega}{2}} \varphi(\omega)\frac{\sin\frac{T}{2}(\omega-\omega')}{\pi(\omega-\omega')}\mathrm{d}\omega' = \lambda\varphi(\omega) \tag{7-6}$$

$\{\varphi_i(t)\}$ 这种函数具有的性质十分有价值。由式（7-3）和式（7-6）可以看出，$\varphi(t)$ 在 Ω 和 $\dfrac{T}{2}$ 的限定下，系统输出保持 $\varphi(t)$ 不变，但是多了一个小于 1 的乘数因子 λ。同时，由于 $\lambda_0 > \lambda_1 > \cdots > \lambda_i > \cdots$，故 $\varphi_0(t)$ 在 $\left[-\dfrac{T}{2}, \dfrac{T}{2}\right]$ 内的能量（也即 $\varphi_0(\omega)$ 在 $[-\Omega, \Omega]$ 内的能量）λ_0 最大。因此，可以得出如下结论：当 0 阶椭球波函数 $\varphi_0(t)$ 通过一个 $\left[-\dfrac{T}{2}, \dfrac{T}{2}\right]$ 和一个 $[-\Omega, \Omega]$ 系统后，它所集中的能量是最多的，损失降到最少[6]。这种情况用数学公式可分别表示为

$$\lambda_T = \frac{\int_{-\frac{T}{2}}^{\frac{T}{2}} |\varphi(t)|^2\,\mathrm{d}t}{\int_{-\infty}^{\infty} |\varphi(t)|^2\,\mathrm{d}t} \tag{7-7}$$

$$\lambda_\Omega = \frac{\int_{-\Omega}^{\Omega} |\varphi(\omega)|^2\,\mathrm{d}\omega}{\int_{-\infty}^{\infty} |\varphi(\omega)|^2\,\mathrm{d}\omega} \tag{7-8}$$

扁长椭球波函数 $\{\varphi_i(t)\}$ 是空间上的一组完备正交基，最大特征值 λ_0 对应的特征向量 $\varphi_0(t)$ 具有最大的能量集中度，能量损失最小，且随着阶数 k 的增加，扁长椭球波函数的能量集中度 λ_k 下降。这就是 Slepian 等对 Shannon 提出问题的答案，扁长椭球波函数 $\phi(t)$ 也被称为 Slepian 序列。

7.2.2　扁长椭球波函数近似算法

扁长椭球波函数具备很多优于其他函数的特殊性质，但是到目前为止却没有被广泛使用。其主要原因是该函数不可以用固定的数学式表达，并且以前很少使用，因此在硬件实现上有些困难。但是，一些研究人员利用现代先进的计算设备提出了针对该函数的近似算法，为其应用于工程实践打开了渠道，并有可能成为今后分析 UWB 系统的最佳工具。下面介绍两种该函数的近似算法，分别是勒让德多项式（Legendre Polynomial）求和逼近法及 Hermitian 矩阵特征值分解法[7]。

（1）Legendre 多项式求和逼近法

令 $L^n(x)$ 为 n 阶 Legendre 多项式，则可以得到

$$L^0(x)=1, L^1(x)=x, \cdots, L^{n+1}(x)=\frac{2n+1}{n+1}xL^n(x)-\frac{n}{n+1}L^{n-1}(x) \qquad (7\text{-}9)$$

如果对式（7-9）在区间 $[-1,1]$ 进行无量纲处理，可得

$$\overline{L^n}(x)=\sqrt{n+\frac{1}{2}}L^n(x) \qquad (7\text{-}10)$$

那么，用处理后的 Legendre 多项式 $\overline{L^n}(x)$ 系列表示该函数为

$$\varphi_n(t)=\sum_{k=0}^{\infty}\boldsymbol{\beta}_k^n\overline{L}_k^n(t) \qquad (7\text{-}11)$$

其中，$\boldsymbol{\beta}_k^n=(\beta_0^n,\beta_1^n,\beta_2^n,\cdots)$ 为 Legendre 多项式 $\overline{L}^n(x)$ 系列的系数向量，可通过对矩阵方程（7-12）求解得到

$$A\boldsymbol{\beta}_k^n=\mu_n\boldsymbol{\beta}_k^n \qquad (7\text{-}12)$$

这里，矩阵 A 定义为

$$\begin{cases} \boldsymbol{A}_{k,k}=k(k+1)+\dfrac{2k(k+1)-1}{(2k+3)(2k-1)}C^2 \\[3mm] \boldsymbol{A}_{k,k+2}=\dfrac{(k+2)(k+1)}{(2k+3)\sqrt{(2k-1)(2k+5)}}C^2 \\[3mm] \boldsymbol{A}_{k+2,k}=\boldsymbol{A}_{k,k+2} \end{cases} \qquad (7\text{-}13)$$

矩阵 A 的其余元素为 0，$k = 0, 1, \cdots, N - 1$。N 由式（7-14）决定

$$N \geqslant 2\left(\lfloor eC \rfloor + 1\right) + \mathrm{lb}\left(\frac{1}{\varepsilon}\right) + \mathrm{lb}\left(\frac{1}{\lambda_n}\right) \tag{7-14}$$

其中，ε 为给定的精度误差，λ_n 为 n 阶 PSWF 的特征值。

对式（7-12）进行求解，将得到的 β_k^n 代入式（7-11），即可得到 n 阶 Legendre 多项式逼近的 PSWF。

基于上述过程可以得出：Legendre 多项式系列可以组合出任意精度要求的扁长椭球波函数近似表达式。但是，由于 Legendre 多项式本身表达式烦琐，组合后的计算量较大，因此在实际应用中很难实现。

（2）Hermitian 矩阵特征值分解法

在实际设计中，通常采用 Hermitian 矩阵特征值分解法，下面通过对式（7-3）的离散化来实现 Hermitian 矩阵特征值分解法。

将式（7-3）变换为

$$\lambda \varphi(t) = \varphi(t) \times h(t) = \int_{\frac{T}{2}}^{\frac{T}{2}} \varphi(\tau) h(t - \tau) \mathrm{d}\tau \tag{7-15}$$

其中，$h(t) = \dfrac{\sin \Omega t}{\pi t}$。

对式（7-15）先进行抽样，然后离散化后得到

$$\lambda \varphi(n) = \sum_{m=-\frac{N}{2}}^{\frac{N}{2}} \varphi(m) h(n - m), \quad n \in \left[-\frac{N}{2}, \frac{N}{2}\right] \tag{7-16}$$

其中，N 为抽样速率，n 和 m 只取整数值。对式（7-16）进行下一步变换，得到下列矩阵表达式[8]

$$\lambda \underbrace{\begin{bmatrix} \varphi\left(-\dfrac{N}{2}\right) \\ \varphi\left(-\dfrac{N}{2}+1\right) \\ \vdots \\ \varphi(0) \\ \vdots \\ \varphi\left(\dfrac{N}{2}\right) \end{bmatrix}}_{\boldsymbol{\varphi}_{(N+1)\times 1}} = \underbrace{\begin{bmatrix} h(0) & h(-1) & \cdots & h(-N) \\ h(0) & h(0) & \cdots & h(-N+1) \\ \vdots & \vdots & \vdots & \vdots \\ h\left(\dfrac{N}{2}\right) & h\left(\dfrac{N}{2}-1\right) & \cdots & h\left(-\dfrac{N}{2}\right) \\ \vdots & \vdots & \vdots & \vdots \\ h(N) & h(N-1) & \cdots & h(0) \end{bmatrix}}_{\boldsymbol{H}_{(N+1)\times(N+1)}} \times \underbrace{\begin{bmatrix} \varphi\left(-\dfrac{N}{2}\right) \\ \varphi\left(-\dfrac{N}{2}+1\right) \\ \vdots \\ \varphi(0) \\ \vdots \\ \varphi\left(\dfrac{N}{2}\right) \end{bmatrix}}_{\boldsymbol{\varphi}_{(N+1)\times 1}} \tag{7-17}$$

即 $\lambda\boldsymbol{\psi}=\boldsymbol{H}\boldsymbol{\psi}$ 。其中，$\boldsymbol{\varphi}_{(N+1)\times1}$ 为矩阵 $\boldsymbol{H}$ 的特征向量，也是扁长椭球波函数的近似数值解。

由于矩阵 $\boldsymbol{H}$ 为对称的 Toeplitz 结构，矩阵中的元素均为实数，因此，矩阵 $\boldsymbol{H}$ 为 Hermitian 矩阵，它的特征值 λ 为实数，对应不同特征值的实特征向量是正交的。通过对矩阵 $\boldsymbol{H}$ 进行特征值分解，可以得到各阶 PSWF。

🔍7.3　单带脉冲设计

7.3.1　UWB 辐射掩蔽

FCC 分配给 UWB 所使用的宽度是 7.5 GHz，但是由于资源稀缺，这段频带并不是 UWB 专用的，一些固定的卫星业务，或者工作于甚高频段的特殊扩频通信系统等也会占用 UWB 的所属频段，这肯定会对其他信号造成干扰，因此，FCC 限定了超宽带的每一个频点上的空中接口都有一个最大受限功率，这个功率的值由 FCC 制定的辐射掩蔽 $S_{\text{mask}}(f)$ 来确定。

$S_{\text{mask}}(f)$ 限定了辐射信号的功率谱，即限定某一频率范围内的有效全向辐射功率（EIRP）的频谱密度，其表达式为

$$\text{EIRP} = P_{\text{TX}}G_{\text{AT}} \tag{7-18}$$

其中，P_{TX} 为发射机的最大可用功率，G_{AT} 为发射天线增益。一般常用 dBm 表示 EIRP 的大小，即 $10\log\text{EIRP}_{\text{mW}}$。

通常会用 dBm/Hz 或 dBm/MHz 作为谱密度单位，事实上，在一个给定的 f_{c} 处，$S_{\text{mask}}(f)$ 是以单位为 dBm 的数值给出的。而且，在某一个 f_{c} 处 $S_{\text{mask}}(f)$ 的数值表明，它是在 f_{c} 附近的测量带宽（mb）的范围内允许的最大 EIRP，这个数值可用 EIRP_{mb} 代表。当传输信号带宽 B 等于测量带宽，即 $B=\text{mb}$ 时，EIRP_{mb} 才会和总的可允许 EIRP 一样；当 $B>\text{mb}$ 时，最大可允许 EIRP 等于 EIRP_{mb} 值的总和。特别地，如果 EIRP_{mb} 值在整个带宽范围是一个常数，则可以得到

$$\text{EIRP} = \text{EIRP}_{\text{mb}}\frac{B}{\text{mb}} \tag{7-19}$$

对于室内 UWB 系统，辐射掩蔽的具体值如图 7-1 所示。

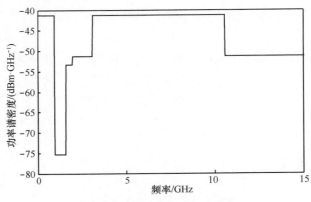

图 7-1   FCC 规定的辐射掩蔽模板

根据 FCC 规范，FCC 制定的常见设备的功率极限值如表 7-2 所示。

表 7-2   FCC 制定的 UWB 设备的平均功率极限值

频率/GHz	室内 EIRP$_{mb}$/dBm
0～0.96	−41.6
0.96～1.61	−75.6
1.61～1.99	−56.6
1.99～6.1	−51.6
6.1～10.6	−41.6
>10.6	−51.6

7.3.2   典型单带脉冲波形

由表 7-1 可以得出，FCC 辐射掩蔽在 UWB 信号的通信频段 $[f_L, f_H]$ 范围内为常数，因此 Parr 等[9]从频域的角度出发，将辐射掩蔽等效成一个理想带通滤波器，带通滤波器的频率响应 $H(f)$ 为

$$H(f) = \begin{cases} 1, & f_L < f < f_H \\ 0, & \text{其他} \end{cases} \tag{7-20}$$

7.2 节中介绍了扁长椭球波函数，其中式（7-3）可等效为一个持续时间为 T 的脉冲信号 $\varphi(t)$ 通过一个带宽为 Ω 的理想低通滤波器后输出为 $\lambda\varphi(t)$。因此可以推断，当 $\varphi(t)$ 通过一个截止频率为 $[f_L, f_H]$ 的带通滤波器时，输出依然为 $\lambda\varphi(t)$，即

$$\begin{cases} \lambda\varphi(t) = \varphi(t) \otimes h(t) \\ h(t) = \varphi(t) \otimes 2f_H \sin c(2\pi f_H t) - 2f_L \sin c(2\pi f_L t) \end{cases} \tag{7-21}$$

其中，$h(t)$ 为带通滤波器 $H(f)$ 的冲激响应，$\varphi(t)$ 为带通扁长椭球波函数。

令 UWB 脉冲 $\varphi(t)$ 为

$$\varphi(t) = \begin{cases} p(t), & -\dfrac{T}{2} < t < \dfrac{T}{2} \\ 0, & \text{其他} \end{cases} \tag{7-22}$$

式（7-22）中得到的是在单带脉冲设计中使用的 PSWF 函数。

为了充分利用频谱资源，应该尽可能地让脉冲的能量全部集中于 FCC 规定的 UWB 的限制频段内，单带脉冲设计正是基于此设计思想来实现的。在具体实现过程中，令 $f_L = 3.1\,\text{GHz}$，$f_H = 10.6\,\text{GHz}$，$T = 2\,\text{ns}$，这时可以认为能量最大限度地集中在这段超宽的频带上。如图 7-2 和图 7-3 所示，单带脉冲所设计的成形脉冲符合 FCC 辐射掩蔽的规定，并且其功率谱密度能较好地集中于限制频带内。

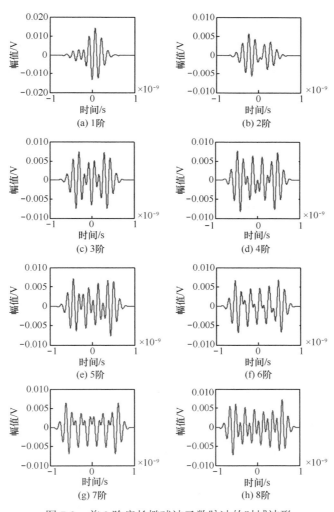

图 7-2　前 8 阶扁长椭球波函数脉冲的时域波形

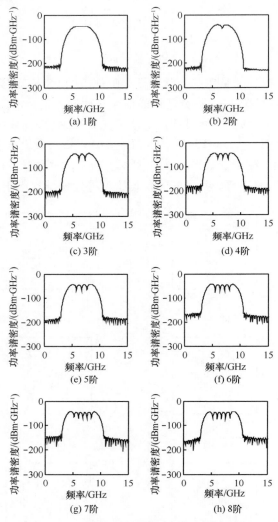

图 7-3　前 8 阶扁长椭球波函数脉冲的功率谱密度

　　基于近似扁长椭球波函数在时域和频域上的高能量聚集性和完备正交性所设计的 UWB 成形脉冲，为解决频谱资源短缺、提高抗窄带干扰能力等提供了可行方案。首先，所设计的成形脉冲可以更好地与传统的无线电信号共存，在频谱的兼容问题上有了很大的改善；其次，所设计的成形脉冲降低了对现存的窄带信号的干扰程度。此外，由于近似扁长椰球波函数有着很简便的表达式，并且在时域和频域上都有很好的收敛性，因此非常适用于 UWB 成形脉冲中。运行程序后得到的结果表明，利用扁长椭球波函数设计的成形脉冲的 PSD 在 FCC 的规定要求之下，它的功率主要在 3.1～10.6 GHz 带宽内。

从图 7-2 和图 7-3 中可以看出，在时域上，奇数阶扁长椭球波函数是轴对称的，偶数阶扁长椭球波函数是中心对称的；在频域上，奇数阶和偶数阶扁长椭球波函数具有近似相等的功率谱密度。文献[10]设计了 3.1～5.6 GHz 频段内不同阶数的扁长椭球波函数波形，证明了扁长椭球波函数可以应用于认知超宽带系统中。在利用单一扁长椭球波函数作为 UWB 系统脉冲时，虽然能量最大限度地集中于限制频带内，但是频谱利用率仍然很低[11]。因此，为了提高频谱利用率，需要对各阶扁长椭球波函数进行线性组合，更好地满足 FCC 的要求。

7.4 正交组合脉冲设计

根据平方可积函数空间中正交基的性质，该空间中的任何一个函数都可以由该空间中任何一组正交基来表示，而目标脉冲函数 $p(t)$ 恰好是平方可积函数空间中的一个函数，扁长椭球波函数是该空间中的一组正交基，因此目标脉冲函数 $p(t)$ 可以利用扁长椭球波的线性组合来表示

$$p(t) = \sum_{i=0}^{\infty} a_i \varphi_i(t) \tag{7-23}$$

其中，φ_i 为同一生成矩阵的不同特征函数，称为脉冲基函数，不同脉冲基的带宽均相同；a_i 为对应脉冲基的加权系数。

在实际应用中，一个信号不可能建立在无限个正交基的基础上，因此在工程设计中，需要对式（7-23）进行截断，取有限项数累加和，使其逼近无穷项数之和

$$\tilde{p}(t) = \sum_{i=0}^{N} a_i \varphi_i(t) \tag{7-24}$$

其中，N 为截取正交脉冲基的项数，$\tilde{p}(t)$ 为目标脉冲函数 $p(t)$ 的近似值。

理论上，N 值越大，$\tilde{p}(t)$ 越逼近 $p(t)$，但同时，N 也表示了脉冲基 φ_i 的阶数，随着 N 的增大，φ_i 的能量集中度 λ_i 下降。因此，如何选取 N 的值使 $\tilde{p}(t)$ 的精度更高就显得至关重要。能量集中度 λ_i 和时间带宽积 C 之间也存在着显著的关联，当 $i \leqslant \dfrac{2C}{\pi}$ 时，λ_i 接近 1；当 $i > \dfrac{2C}{\pi}$ 时，λ_i 随 i 的增加呈指数衰减，迅速趋于 0。因此，当对式（7-24）进行截断时，通常可以设定为 $C \geqslant 7.5\pi$。当精度要求不是很高时，可取函数展开的有限项 $N = \dfrac{2C}{\pi}$，这样设计的复杂度低；当

要求高精确度时，可取函数展开的有限项 $N = C$，这样截取得到的 $\tilde{p}(t)$ 可以更好地逼近 $p(t)$。

下面分析如何得到对应的加权系数 a_i，根据表 7-1 的要求，脉冲的功率谱密度应该尽可能地逼近辐射掩蔽，即传输功率在满足 FCC 限定条件下取得最大值，尽可能大地提高频谱利用率，因此可以将辐射掩蔽 $S_{\text{mask}}(f)$ 投影到正交基上来计算加权系数 a_i

$$a_i = \left\langle \Psi_i(f), S_{\text{mask}}(f) \right\rangle = \int_{-\infty}^{\infty} \Psi_i(f) \left[\sqrt{|S_{\text{mask}}(f)|} \, \mathrm{e}^{j\omega_S(f)} \right]^* \mathrm{d}f =$$

$$\int_{-\infty}^{\infty} \left| \Psi_i(f) \sqrt{|S_{\text{mask}}(f)|} \right| \cos(\omega_i(f) - \omega_S(f)) \mathrm{d}f + j \int_{-\infty}^{\infty} \left| \Psi_i(f) \sqrt{|S_{\text{mask}}(f)|} \right| \sin(\omega_i(f) - \omega_S(f)) \mathrm{d}f$$

$$\text{（7-25）}$$

其中，$\Psi_i(f)$ 为 $\phi_i(t)$ 的傅里叶变换，$\omega_i(f)$ 和 $\omega_S(f)$ 分别为正交基 $\phi_i(t)$ 和辐射掩蔽 $S_{\text{mask}}(f)$ 的相位。

根据傅里叶变换的性质，其幅度谱函数与相位谱函数分别为偶函数和奇函数，因此，式（7-25）的虚部为 0，进一步化简为

$$a_i = 2 \int_0^{\infty} \left| \Psi_i(f) \sqrt{|S_{\text{mask}}(f)|} \right| \cos(\omega_i(f) - \omega_S(f)) \mathrm{d}f \qquad \text{（7-26）}$$

表 7-1 仅仅给出了对辐射掩蔽幅度谱 $\sqrt{|S_{\text{mask}}(f)|}$ 的要求，并没有对相位谱做出要求，因此 $\omega_S(f)$ 需要根据具体的实际情况来选择，假设 $\omega_S(f)$ 为常数。将基函数按照阶数的奇偶性划分成两个集合，称为奇数阶集合和偶数阶集合，在两个集合中分别取 N 个相邻阶数的基函数，即在奇数阶集合中取第 i 阶，在偶数阶集合中取第 $i+1$ 阶。这样选取的原因是阶数相邻的两个基函数具有相同的幅度谱，且在任一频点上，相位均相差 $\dfrac{\pi}{2}$。对上述方法选取出的两组基函数进行投影，计算加权系数 a_i，可以得到系数相同、相位相差 $\dfrac{\pi}{2}$ 的两个正交组合脉冲。因此，进行一次计算加权系数的运算即可生成一对完全正交的组合脉冲，这种选取基函数的方法有效地降低了系统的复杂度。

图 7-4 为当 $f_{\text{L}} = 3.1\,\text{GHz}$，$f_{\text{H}} = 10.6\,\text{GHz}$，$T_m = 2\,\text{ns}$，$N = 5$ 时的一对正交组合脉冲 $\tilde{p}_1(t)$ 和 $\tilde{p}_2(t)$ 的功率谱密度。由于各阶基函数彼此正交，因此可以通过不重叠选取基函数的方式得到多个正交组合脉冲，分配给不同用户使用，降低用户间的干扰，提高信道利用率。

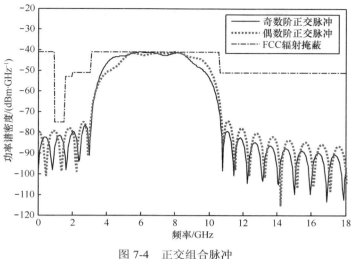

图 7-4　正交组合脉冲

7.5　自适应脉冲设计

单带脉冲设计方法的主要思想是将空闲频谱划分成多个大于 500 MHz 的超宽带信道，CR 用户按优先级占用信道，每个 CR 用户都将系统分配给自己的频带看成是一个整体来设计传输脉冲，如图 7-5 所示。

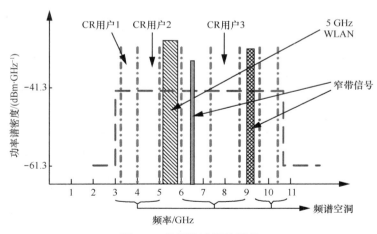

图 7-5　单带脉冲设计原理

在动态频谱接入的认知环境中，人们希望系统能够快速地对脉冲波形进行调整以适应周围的频谱环境，因此在符合 FCC 功率限制的条件下，CR 用户需要构建参数可调整的自适应辐射掩蔽 $S_{\text{CUWB}}(f)$

$$\sqrt{|S_{\text{CUWB}}(f)|} = \begin{cases} \beta_0, & |f| \leq 1.61\,\text{GHz} \\ \beta_1, & 1.61\,\text{GHz} \leq |f| \leq 1.99\,\text{GHz} \\ \beta_2, & 1.99\,\text{GHz} \leq |f| \leq f_1 \\ 1, & f_1 \leq |f| \leq f_2 \\ \beta_3, & |f| \geq f_2 \end{cases} \tag{7-27}$$

其中，f_1 和 f_2 为 CR 用户选择的工作频段且 $f_1 < f_2$。

利用正交扁长椭球波函数的线性组合生成期望的脉冲时，由于基函数在低于 3.1 GHz 时衰减很快，因此自然满足 1.61～1.99 GHz 频段内的功率限制，从而式（7-27）可以消除一个参数，经化简后得到用以限制脉冲发射功率的自适应辐射掩蔽可改写成

$$\sqrt{|S_{\text{CUWB}}(f)|} = \begin{cases} \beta_1, & |f| \leq 1.61\,\text{GHz} \\ \beta_2, & 1.61\,\text{GHz} \leq |f| \leq f_1 \\ 1, & f_1 \leq |f| \leq f_2 \\ \beta_3, & |f| \geq f_2 \end{cases} \tag{7-28}$$

有 5 个参数将影响到所得脉冲的频域形状，可以分成两组：$K_1 = \{\beta_1, \beta_2, f_1\}$ 和 $K_2 = \{\beta_3, f_2\}$，K_1 代表对低频部分的限制，K_2 代表对高频部分的限制。这两组参数之间的相互影响很小，可以近似认为是相互独立的，此时寻找满足 FCC 规定的 CR 用户脉冲参数的步骤如下。

步骤 1 选择参数组 K_1，其中 $f_1 \geq 3.1\,\text{GHz}$，使脉冲在 1.61 GHz 和 3.1 GHz 这两个较低频率处满足 FCC 功率限制。

步骤 2 选择参数组 K_2，其中 $f_2 \leq 10.6\,\text{GHz}$，使脉冲在 10.6 GHz 的较高频率处满足 FCC 功率限制。

步骤 3 判断频带内的所有频点是否都严格满足 FCC 的功率限制，如果满足，则进行步骤 4；如果不满足，则重复前两个步骤，直到满足条件为止。

步骤 4 返回参数组 K_1 和 K_2，构建自适应辐射掩蔽。

步骤 5 选择一组扁长椭球波函数正交基，利用投影计算的加权系数 a_i，生成期望的脉冲波形。

图 7-6 为利用上述方法设计的两个处于不同频带内的 CR 用户单带自适应脉冲，脉冲在频带外衰减很快，因此可认为不同用户相互间没有影响。

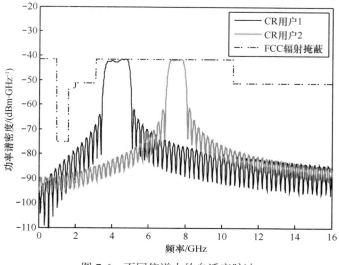

图 7-6　不同信道内的自适应脉冲

单带自适应脉冲设计方法可以同时满足多个用户的多址通信，每个 CR 用户通过选择信道内不同的正交基进行加权组合，可以得到多个正交组合脉冲；系统频谱利用率较传统 UWB 系统得到了很大程度的提高。但是由于每个用户占用的带宽相对较窄，当该频带内的授权用户出现时，CR 用户的通信将被强制中断，CR 用户需要寻找其他的接入机会重新进行脉冲设计。

7.6　UWB 组合脉冲的优化算法

在基于扁长椭球波函数设计成形脉冲的方法中，应当选取多个具有最佳时间带宽积因子的 PSWF 作为基函数进行线性组合。常见的组合脉冲设计算法主要包括等增益系数组合法、随机系数选择法和最小均方误差准则（LSE）系数选择法。

（1）等增益系数组合法

本节将采取最简单、易操作的等增益系数组合法，即所有脉冲基的权重系数均为 1，对前 8 阶 PSWF 正交基进行直接相加，并用 Matlab 进行仿真，得到等增益系数组合函数脉冲的波形，分别如图 7-7 和图 7-8 所示。

从图 7-7 和图 7-8 可以看出，脉冲频谱曲线的能量相对来说还算集中，但是谱线不够平滑，有几处衰落的地方。另外，从算法的可行性上分析，等增益系数组合法在对精度要求不高的组合脉冲设计过程中是可以使用的，因为这种方法简单易操作，系统复杂度低；但是对于精度要求较高的成形脉冲设计，这种方法已经不能满足需求。因此对于脉冲波形优化设计，需要找到一种新的方法来进行合适的线性组合，从而设计最优的脉冲波形。

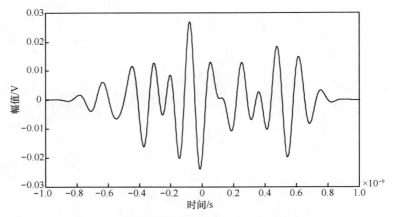

图 7-7　等增益系数组合函数脉冲的时域波形

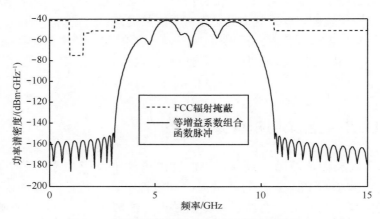

图 7-8　等增益系数组合函数脉冲的功率谱密度

（2）随机系数选择法

为了得到更好的组合脉冲波形，可以采取随机系数选择法，这种方法可简单理解成随机产生一组系数作为所设定的组合脉冲系数的一种可能值，然后通过 FCC 的规定进行检验，确定其是否满足要求。本节选择权重系数的过程可以描述如下。

步骤 1　选择一组基函数，即 7.3.3 节中提到的用于进行组合脉冲设计的 8 阶脉冲。

步骤2　编写 Matlab 程序，使用 rand 函数，得到结果并记录为 C。

步骤3　检验所得结果是否符合预先设定的 FCC 的规定。

步骤4　若符合 FCC 的规定，同时 C 是第一组可以记录的系数，则令 $C_1=C$；如果提前出现满足 FCC 规定的系数，则将比较 C 和 C_1，若 C 的波形比 C_1 好，则令 $C_1=C$。

步骤5　重复执行步骤 1～步骤 3，直到得到符合规定的系数，并把这些数放在数组里，这就是系统所需要的结果。

根据上述选择组合脉冲的权重系数的方法，经过 Matlab 仿真后，得到三组符合要求的组合脉冲的权重系数，以及相应的脉冲波形，分别如图 7-9～图 7-11 所示。

第一组：$C=[-0.980\,9,\ 0.661\,0,\ -0.890\,1,\ -0.866\,6,\ 0.818\,1,\ 0.655\,0,\ -0.313\,6,\ 0.253\,6]$。

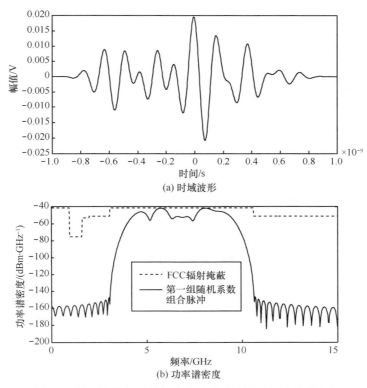

(a) 时域波形

(b) 功率谱密度

图 7-9　第一组随机系数组合脉冲的时域波形和功率谱密度

第二组：$C=[-0.983\,6,\ 0.919\,2,\ -0.966\,6,\ 0.966\,2,\ 0.968\,9,\ -0.131\,9,\ -0.266\,6,\ -0.638\,6]$。

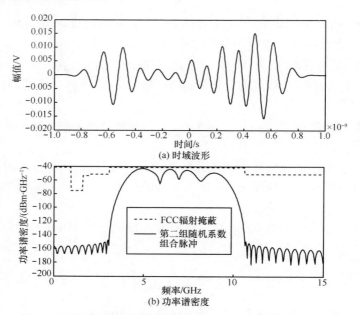

图 7-10　第二组随机系数组合脉冲的时域波形和功率谱密度

第三组：C=[−0.996 1，0.636 0，−0.966 9，−0.616 2，−0.911 6，0.503 2，0.822 6，0.358 6]。

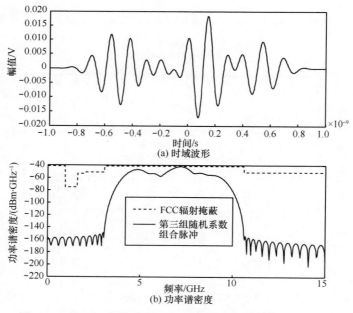

图 7-11　第三组随机系数组合脉冲的时域波形和功率谱密度

值得一提的是，在对组合脉冲进行系数随机选择的过程中，会选取不同的限定值，所以最后得到的结果不止一种，每运行一次程序，就会得到一组结果。

（3）最小均方误差准则（LSE）系数选择法

随机选择的方法可以灵活地设计波形，且设计出的波形都是符合要求的，同时还能得到不止一种的组合结果。但正是因为这种方法的随机性，一般不可能只经过一次计算就达到符合要求的限定值，因此该方法在具体的实现过程中，不得不进行多次运算，才能得到符合要求的运算结果，这样会导致运行时间比较长，而且计算量很大，在实现时很不方便。基于此原因，本节提出了最小均方误差准则（LSE）系数选择法，这种方法在具体实现时的误差最小，能大大减少运行时间，降低运算量。

最小均方误差准则（LSE）系数选择法遵循的原则是使下面的误差函数最小

$$e_s(t) = \int_{-\infty}^{+\infty} |e(t)|^2 \, dt = \int_{-\infty}^{+\infty} \left| f(t) - \sum_{k=1}^{N} a_k f_k(t) \right|^2 dt \qquad (7\text{-}29)$$

其中，$f(t)$ 为目标函数。

但是，为了使功率谱密度达到最小，可以将式（7-29）改为

$$e = \int_{-\infty}^{+\infty} |P_M(f) - P_F(f)|^2 \, df \qquad (7\text{-}30)$$

其中，$P_M(f)$ 为辐射掩蔽，$P_F(f)$ 为线性组合脉冲的功率谱密度。

与此相同，还有另外一种定义最小均方误差的方法如下

$$e = \int_{-\infty}^{+\infty} |R_M(t) - R_F(t)|^2 \, dt = \int_{-\infty}^{+\infty} \left| R_M(t) - \left[\sum_{k=1}^{N} a_k^2 \int_{-\infty}^{+\infty} f_k(\xi) f_k^*(\xi + t) \, d\xi \right] \right|^2 dt \qquad (7\text{-}31)$$

其中，$R_M(t)$ 和 $R_F(t)$ 为相应的自相关函数。

值得注意的是，在式（7-30）和式（7-31）中都考虑到了所发射脉冲信号的功率密度。因此，在计算时域的辐射掩蔽限制电压 $m(t)$ 时，可以采用 $P(f)$，即基函数的频谱代替严格的功率谱密度来达到使计算变简单的目的。基于上述思想，定义目标辐射电压掩蔽（Voltage Mask）为

$$e = \int_{-\infty}^{+\infty} \left| m(t) - \sum_{k=1}^{N} a_k f_k(t) \right|^2 dt \qquad (7\text{-}32)$$

因此，在算法的具体实现中，需要用电压掩蔽代替 FCC 限制的室内规范标准，对算法优化近似并进行 Matlab 仿真分析。根据最小均方误差准则，选用较好的前 8 阶 PSWF 脉冲基作为组合脉冲的基函数，基于此正交基函数，由 Matlab 中的函数 Isalin 确定的组合系数为

coefficient = [−2.055 9 + 0.401 5i，−0.570 7 − 4.601 0i，− 1.226 8 −1.052 9i，
　　　　　1.705 4 +0.156 8i，0.063 9 − 2.295 1i，−0.015 9 −2.418 9i，

−1.231 5 + 0.000 2i，0.000 1 − 1.962 0i]

经过 Matlab 仿真，得到的 PSWF 组合脉冲的功率谱密度与 FCC 辐射掩蔽如图 7-12 所示。

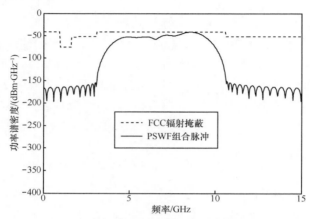

图 7-12　PSWF 组合脉冲的功率谱密度与 FCC 辐射掩蔽

7.7　脉冲性能分析

7.7.1　脉冲设计算法运行时间

在 7.6 节所述的 3 种组合脉冲设计方法中，等增益系数组合法操作简单易实现，且执行时间比较短，但是不能自适应频谱环境，缺少灵活性，因此实际应用中一般不采用此种方法设计组合脉冲。随机系数选择法和最小均方误差准则（LSE）系数选择法在设计脉冲波形中可以根据信道情况进行组合，由于 PSWF 的完备正交性，这两种设计方法适用范围很广泛，是很实用的设计方法。但是二者之间也有优劣之分，相比于随机系数选择法，最小均方误差准则（LSE）系数选择法在运行时间上更短，效率更高。表 7-3 记录了随机系数选择法和最小均方误差准则（LSE）系数选择法的运行时间，此次仿真随机记录了 3 次的数据进行对比。

表 7-3　随机系数选择法和最小均方误差准则（LSE）系数选择法的运行时间

算法	运行时间/s		
	数据 1	数据 2	数据 3
LSE 系数选择法	0.368 38	0.366 13	0.325 92
随机系数选择法	6.822 60	6.666 00	3.663 60

7.7.2　脉冲频谱利用率

为了衡量基于上述 3 种方法的可行性，或者说具体利用了多少的频谱资源，可用下列表达式来定义[12]

$$\eta = \frac{P_{\text{OBJ}}}{P_{\text{FCC}_{\max}}} \times 100\% \tag{7-33}$$

其中，η 为频谱利用效率，P_{OBJ} 为目标脉冲的总功率，$P_{\text{FCC}_{\max}}$ 为 FCC 模板所允许的最大总功率。

根据 FCC 辐射掩蔽的意义，可将 $P_{\text{FCC}_{\max}}$ 表示为

$$P_{\text{FCC}_{\max}} = \int_B S_{\text{CUWB}}(f)\mathrm{d}f \tag{7-34}$$

其中，B 为脉冲的带宽。

需要说明的是，P_{OBJ} 是在目标脉冲的单边功率谱的基础上计算的，这是因为在 FCC 辐射掩蔽中计算的也是单边功率谱。则 P_{OBJ} 的计算式为

$$P_{\text{OBJ}} = \int_B \frac{1}{T_s}\left|P(f)\right|^2 \mathrm{d}f \tag{7-35}$$

其中，T_s 为脉冲重复周期。

基于上述计算方法，可以得到本章中 3 种设计方法的频谱利用率。表 7-4 为目前国内外文献中各种 UWB 脉冲波形的频谱利用率情况。从表 7-4 中可以看出，当传统的单高斯、Rayleigh、Hermite、小波脉冲直接做 UWB 脉冲时，频谱利用率都很低，但经过组合累加后的脉冲频谱利用率得到了很大的提高。本章提出的单带自适应脉冲频谱利用率仅次于 33 个组合高斯脉冲和 19 个组合 Chirp 压缩脉冲，但计算量较上述脉冲要小很多。

表 7-4　UWB 脉冲频谱利用率

脉冲波形	频谱利用率
修正的高斯 5/6 阶脉冲	50.90%
33 个组合高斯脉冲	92.16%
优化的 Rayleigh 6/6 阶导脉冲	51.96%
修正的 Hermite 1 阶导脉冲	66.23%
Morlet 正交小波脉冲	30.60%
19 个组合 Chirp 压缩脉冲	83.33%
16 个组合 Chirp 压缩脉冲	63.30%
1 阶扁长椭球波脉冲	39.06%
等增益组合脉冲	62.30%
随机组合脉冲	66.90%
基于 LSE 组合脉冲	80.13%

　　由表 7-4 可知，普通的脉冲波形的频谱利用率很低，甚至不足 50%，而经过组合的脉冲在这方面有了明显提高。本章的设计思想就是对脉冲进行组合设计，经过计算，等增益组合脉冲和随机组合脉冲这两种设计方法所得到的脉冲频谱利用率有了很大提高，但是它们无论是在系统设计复杂度还是计算量上，都要比上述组合脉冲要小很多。因此可以认为这两种组合脉冲设计方法有很大的可行性，可以在实际应用中实施。

参 考 文 献

[1] Federal Communication Commission. Revision of part 15: the commission's rules regarding ultra-wideband transmission systems: ET Docket 98-153[S]. 2002.

[2] SLEPIAN D, POLLACK H O. Prolate spheroidal wave functions, fourier analysis, and uncertainty—I[J]. Bell System Technical Journal, 1961, 40(1): 43-64.

[3] LANDAU H J, POLLAK H O. Prolate spheroidal wave functions, fourier analysis and uncertainty—III: the dimension of the space of essentially time-and band-limited signals[J]. Bell System Technical Journal, 1962, 41(40): 1295-1336.

[4] SLEPIAN D, SONNENBLICK E. Eigenvalues associated with prolate spheroidal wave functions of zero order[J]. Bell System Technical Journal, 1965, 44(8): 1745-1759。

[5] WALTER G G, SHEN X P.Wavelets based on prolate spheroidal wave functions[J]. The Journal of Fourier Analysis and Applications, 2004(10): 1-26.

[6] DONOHO D L, STARK P B. A note on rearrangements, spectral concentration, and the zero-order prolate spheroidal wavefunction[J]. IEEE Transactions on Information Theory, 1993, 39(1): 257-260.

[7] HU J W, JIANG T, CUI Z G. Design of UWB pulses based on Gaussian pulse[C]//Nano/Micro Engineered and Molecular Systems. 2008: 651-655.

[8] PARR B, CHO B L, WALLACE K, et al. A novel ultra-wideband pulse design algorithm[J]. IEEE Communications Letters, 2003, 7(5): 219-221.

[9] HAN J, NGUYEN C. A new ultra-wideband, ultra-short monocycle pulse generator with reduced ringing[J]. IEEE Microwave Wireless Components Letters, 2002, 12(6): 206-208.

[10] ZHANG H G, KOHNO R. SSA realization in UWB multiple access systems based on prolate spheroidal wave functions[C]//2004 IEEE Wireless Communications and Networking Conference. 2004: 1794-1799.

[11] 胡君萍, 刘永冲, 杨杰. 基于频域的超宽带脉冲设计[J]. 武汉理工大学学报, 2009, 31(24): 74-77.

[12] WU X R, TIAN Z, DAVIDSON T N. Optimal waveform design for UWB radio[J]. IEEE Transactions on Signal Processing, 2006, 54(6): 2009-2012.

第 8 章
多带自适应脉冲设计

🔍 8.1　多带脉冲设计原理

文献[1-2]提出了子带划分的思想，但是在对子带脉冲进行累加时，没有考虑到脉冲相位且子带间没有交集，只是进行了简单的标量累加，导致脉冲的频谱利用率无法进一步提高。本章中的多带自适应脉冲设计方法在频谱划分时提出了频带重叠率的概念，使组合后脉冲的功率谱密度更加符合 FCC 辐射掩蔽，同时在利用扁长椭球波函数集进行子带脉冲设计时，考虑到了脉冲间的相位差异对加权累加的影响，并给出了子带脉冲阶数的选择方法。

多带脉冲设计方法通过借鉴 OFDM 的设计思想，利用软频谱自适应方案，将 3.1～10.6 GHz 的频段划分成若干个子带，利用扁长椭球波函数产生相应的子带脉冲波形，并在时域上将子带脉冲进行加权累加，设计出一种具有不同中心频率的多频带自适应脉冲。多带脉冲系统设计灵活，具有很强的共存性和规则适应性，当存在窄带授权用户或干扰时，为了避免相互干扰，可以禁用某些子带或者调整参数使子脉冲的频谱在干扰频段的和为 0，从而避免干扰，多带脉冲设计原理如图 8-1 所示。设计步骤如下。

（1）设置脉冲相关的参数

CR 用户根据脉冲频谱带宽 B、脉冲持续时间 T_m 和时间带宽积 C 来确定划分子带的位置 $[f_{iL}, f_{iH}]$ 和子带个数 M。为了更好地利用频谱资源、提高频谱利用率，在划分各子带时，各子带间有部分频带是相互重叠的，即 $f_{iH} \geqslant f_{(i+1)L}$，定义频带重叠率 υ 为

$$\upsilon = \frac{(f_{(i-1)H} + f_{iH}) - (f_{iL} + f_{(i+1)L})}{2(f_{iH} - f_{iL})} \times 100\% \tag{8-1}$$

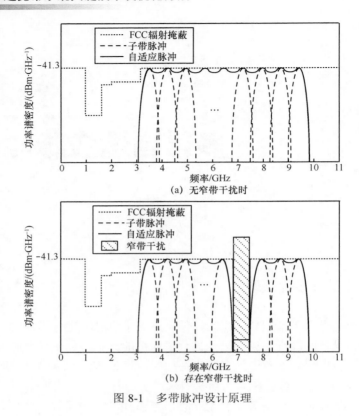

图 8-1　多带脉冲设计原理

假设各子带宽度相同，均为 B_0，通过公式 $B_0 = \dfrac{C}{T_m}$ 计算出子带宽度之后，再由式（8-2）确定子带个数 M

$$B = B_0[M - \upsilon(M-1)] \tag{8-2}$$

子带脉冲均从该子带的前 m 个能量集中度较大的扁长椭球波函数中选取，则理论上一共可以设计出 m^M 个多带脉冲。

（2）子带划分并构建子带辐射掩蔽

将频段 $B = f_H - f_L$ 划分成 M 个子带，并根据各子带内频谱特性构建符合 FCC 规定的子带辐射掩蔽，用来对脉冲的功率进行控制，使设计的多带自适应脉冲的功率谱密度不超过 FCC 规定的范围。

（3）设计子带脉冲 $p_i(t)$

设第 i 个子频带的频谱范围为 $[f_{iL}, f_{iH}]$，在所有满足条件的波形中，选择能量集中度为 λ_k 的扁长椭球波函数 φ_k 作为子带脉冲 $p_i(t)$

$$p_i(t) = \varphi_{ik}(t), \quad i = 1, 2, \cdots, M; \ k = 0, 1, 2, \cdots, m-1 \tag{8-3}$$

（4）在时域上对各子带脉冲进行加权累加

将生成的子带脉冲在时域上进行加权累加后得到多带自适应脉冲 $p(t)$

$$p(t) = \sum_{i=1}^{M} b_i p_i(t - \tau_i) \qquad （8-4）$$

其中，b_i 为对应子带的加权系数；τ_i 为相位因子，这里令 $\tau_i = 0$。

时域叠加信号的频谱满足叠加原理

$$P(f) = \sum_{i=1}^{M} b_i \varPhi_{ik}(\omega_i) \leqslant S_{\text{CUWB}}(f) \leqslant S_{\text{mask}}(f) \qquad （8-5）$$

其中，$P(f)$ 为 $p(t)$ 的频谱；$\varPhi_{ik}(\omega_i)$ 为子带脉冲 $p_i(t)$ 的频谱，ω_i 为第 i 个子带的中频。

脉冲形成流程如图 8-2 所示。

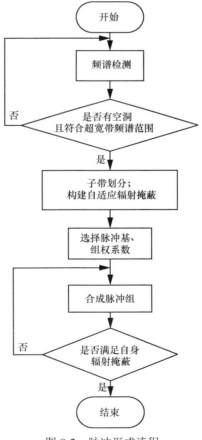

图 8-2　脉冲形成流程

在对子带脉冲进行加权累加时要注意：脉冲间的叠加是矢量相加，不是标量相加，因此要考虑子带脉冲的相位。子带脉冲的相位是周期性的，周期个数 $p = \dfrac{T_m B_0}{2}$ 。图 8-3 为脉冲持续时间 $T_m = 2\,\mathrm{ns}$ ，频谱位置处于 $4 \sim 5\,\mathrm{GHz}$ 和 $4.75 \sim 5.75\,\mathrm{GHz}$ ，能量集中度为 λ_0 的两个子带脉冲 φ_0 的相位谱。从图 8-3 中可以看出，在频带重叠部分，两个子带脉冲相位相差 $\dfrac{\pi}{2}$ ，根据矢量相加原理，两个脉冲在重叠频带内的功率不是线性相加。因此，子带脉冲选取的原则是：在能量集中度尽可能大的情况下，选择频谱重叠部分相位相同或相近的子带脉冲进行累加。

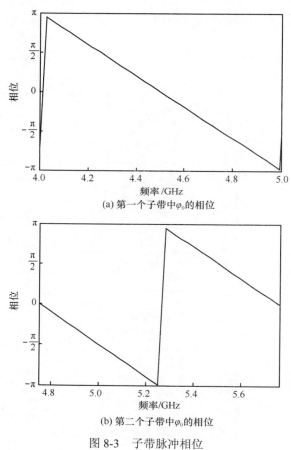

(a) 第一个子带中 φ_0 的相位

(b) 第二个子带中 φ_0 的相位

图 8-3　子带脉冲相位

根据扁长椭球波函数的相位特性，同一频带中相邻阶数的椭球波函数相位之间相差 $\dfrac{\pi}{2}$ ，因此针对上述参数设置，应该选取第一个子带中的 φ_0 与第二个子带中的 φ_1

进行累加，此时两个子带脉冲在重叠频带内同相，两脉冲功率是线性相加的。

图 8-4(a)和图 8-4(b)分别为 $\varphi_{i0}+\varphi_{(i+1)0}$ 与 $\varphi_{i0}+\varphi_{(i+1)1}$ 的组合脉冲功率谱密度。从图 8-4 中可以看出，通过选择子带脉冲的阶数可以使重叠频带达到同相，提高了组合脉冲的频谱利用率。

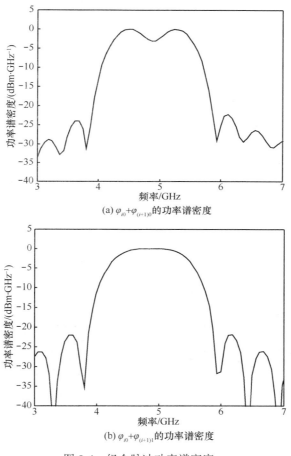

(a) $\varphi_{i0}+\varphi_{(i+1)0}$ 的功率谱密度

(b) $\varphi_{i0}+\varphi_{(i+1)1}$ 的功率谱密度

图 8-4　组合脉冲功率谱密度

为了保证能找到相位相同的子带脉冲，在各子带宽度相同的情况下，频带重叠率 υ 应满足

$$\upsilon=\frac{i}{4p}\times100\%,\quad i=1,2,\cdots,2p \tag{8-6}$$

在实际应用中，由于子带脉冲的能量集中度 $\lambda_0<1$，即有少部分的能量泄漏，因此每个子带脉冲的带外功率仍会对其他子带产生干扰，导致加权累加

后的脉冲在部分频带内的功率有所下降，而无法达到完全满足 FCC 辐射掩蔽的要求。

　　由于脉冲的频谱极宽，因此不可避免地会与现有窄带系统产生干扰。当频段内出现少量窄带干扰时，仅需撤销干扰频带内的子带脉冲，就可以避开窄带系统的工作频带，不需要切换整个通信频带，从而实现无缝地修正发射波形以适应无线环境。图 8-5 为脉冲持续时间 $T_m = 2\,\text{ns}$、可用频带 B 在 3.1~10.6 GHz 频段内、子带个数为 10、子带宽度为 1 GHz、频带重叠率 υ =50%的多带自适应脉冲时域波形和功率谱密度。图 8-6 为出现窄带授权用户时自适应脉冲的时域波形和功率谱密度。从图 8-5 和图 8-6 中可以看出，脉冲在窄带系统工作频带内设计了凹槽，深度达到 30 dB，这些凹槽可以使 CUWB 系统避免与这一频带上的窄带系统产生干扰，从而实现共存。

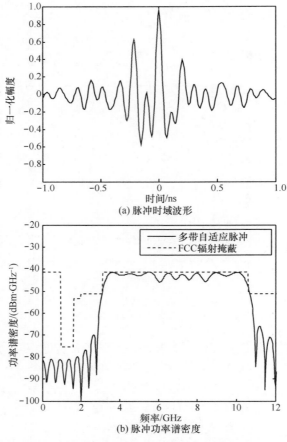

图 8-5　多带自适应脉冲的时域波形和功率谱密度

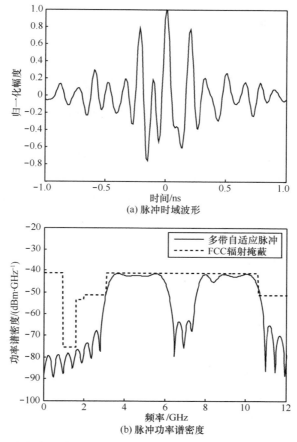

图 8-6　与授权用户共存的多带自适应脉冲的时域波形和功率谱密度

8.2　多带脉冲的正交化

利用上述方法设计的多带自适应脉冲中，不同用户相同子带中的子带脉冲是正交且线性无关的，但组合后的多带自适应脉冲 $p(t)$ 并不是线性无关的，即脉冲 $p(t)$ 虽然避开了授权用户的工作频段，但是失去了叠加前子带脉冲的正交性。因此，需要利用 Gram-Schmidt 正交变换对加权累加后的脉冲进行正交化。

首先通过线性变换找到自适应脉冲的最大线性无关组 $[\psi_1 \quad \psi_2 \quad \cdots \quad \psi_n]$，其中 $\psi_i\ (i=1,2,\cdots,n)$ 为线性无关的向量，并以此作为空间中的一组基，再利用 Gram-Schmidt 正交变换，将 ψ_i 转换成相互正交的自适应脉冲向量 $[u_1 \quad u_2 \quad \cdots \quad u_n]$[3]。

其中

$$p_1 = \psi_1 , \quad u_1 = \frac{p_1}{\|p_1\|} = \frac{\psi_1}{\|\psi_1\|} \tag{8-7}$$

$$\vdots$$

$$p_k = \psi_k - \sum_{i=1}^{k-1} (u_i^{\mathrm{H}} \psi_k) u_i , \quad u_k = \frac{p_k}{\|p_k\|} , \quad 2 \leqslant k \leqslant n \tag{8-8}$$

取持续时间 $T_m = 2$ ns、子带个数为 7、授权用户工作频段为 5.2～5.8 GHz，通过对多带自适应脉冲进行 Gram-Schmidt 正交变换，获得的正交自适应脉冲功率谱密度如图 8-7 所示。图 8-7 中，$u_1(t)$ 和 $u_2(t)$ 分别对应能量集中度最大的两个正交脉冲。

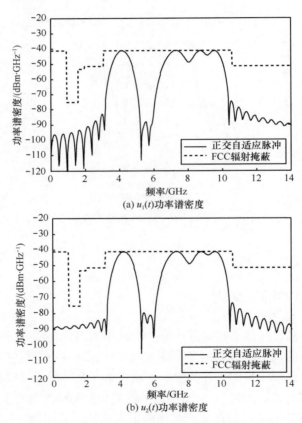

(a) $u_1(t)$ 功率谱密度

(b) $u_2(t)$ 功率谱密度

图 8-7　正交自适应脉冲的功率谱密度

图 8-8(a) 为正交自适应脉冲 $u_1(t)$ 的自相关函数，当 $t=2$ ns 时，自相关函数取

到最大值；图 8-8(b)为 $u_1(t)$ 与 $u_2(t)$ 的互相关函数，当 $t=2$ ns 时，互相关函数为 0。Gram-Schmidt 正交变换保证了多带自适应脉冲 $u_1(t)$ 和 $u_2(t)$ 的正交性。

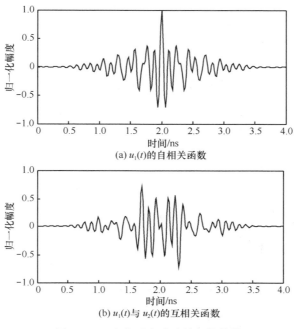

(a) $u_1(t)$ 的自相关函数

(b) $u_1(t)$ 与 $u_2(t)$ 的互相关函数

图 8-8　正交自适应脉冲的相关特性

🔍 8.3　自适应脉冲性能分析

8.3.1　频谱利用率

在 8.1 节和 8.2 节中提出的两种脉冲设计方法均具有较高的频谱利用率，当窄带授权用户出现时，采用单带自适应脉冲的 CR 用户必须马上退出该频带，寻找新的接入机会，一旦有允许接入的频谱空洞，CR 用户可以通过调整自适应辐射掩蔽 $S_{\text{CUWB}}(f)$，重新计算投影系数后继续通信。而采用多带自适应脉冲的 CR 用户在授权用户出现时不需要马上退出通信，因为占用的频带相对于授权用户宽很多，因此，只需要撤销一个或多个子带脉冲就可以避开授权用户频带，剩余子带上的传输不受影响，仍然可以继续以较高的频谱利用率进行通信，因而避免了数据传输的突然中断。

多带自适应脉冲的频谱利用率受脉冲持续时间 T_m、时间带宽积 C、子带个数 M 和频谱重叠率 υ 的共同影响。在 T_m 和 C 确定的情况下，频谱利用率随着频带重叠率 υ 的增大而提高，但同时 υ 的增大会引起子带个数 M 的增加，导致计算量加大，系统复杂度增高。图 8-9 为在子带宽度 B_0 不变的情况下，频谱利用率 η 与频带重叠率 υ 之间的关系。从图 8-9 中可以看出，随着频带重叠率的增加，脉冲的频谱利用率也逐渐增大。当频带重叠率达到式（8-6）要求时，频谱利用率达到 85% 以上。当存在授权用户时，自适应脉冲仍可以保持较高的频谱利用率。

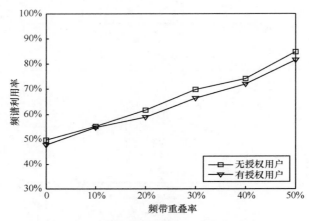

图 8-9　频谱利用率与频带重叠率的关系

UWB 脉冲频谱利用率如表 8-1 所示。从表 8-1 中可以看出，多带自适应脉冲频谱利用率优于 19 个组合 Chirp 压缩脉冲，仅比 33 个组合高斯组合脉冲低，即使在与躲避授权用户的同时，也能保证 80% 以上的频谱利用率。

表 8-1　UWB 脉冲频谱利用率

脉冲波形	频谱利用率
修正的高斯 5/7 阶导脉冲	50.90%
33 个组合高斯脉冲	92.16%
优化的 Rayleigh7/6 阶导脉冲	51.97%
修正的 Hermite 1 阶导脉冲	76.23%
Morlet 正交小波脉冲	30.70%
19 个组合 Chirp 压缩脉冲	83.33%
避免同频干扰的 17 个组合 Chirp 压缩脉冲	73.30%
1 阶扁长椭球波脉冲	39.00%
单带自适应脉冲	80.27%
多带自适应脉冲	85.83%
与授权用户共存的多带自适应脉冲	81.80%

与其他脉冲相比，多带自适应脉冲设计灵活、抗干扰性强、频谱利用率高，适用于不同国家的辐射掩蔽模板，在频谱切换时的性能损失更小。对于使用多带脉冲传输的 CR 用户，需要设计合理的多子带决策模型，确定子带的数目和宽度，以及如何选择合适的子带，另外还需要设计相应的频谱切换机制。

8.3.2　抗干扰性能分析

在传统的通信系统中，最常用的消除干扰的方法是设计滤波器，这种通过滤波器来消除干扰的方法一般是在确定干扰源的个数和频率的情况下使用。但是由于超宽带信号带宽很宽，频带内的干扰源可能会很多并且数量和频率不确定。因此，单纯通过预先设计滤波器的方法来消除干扰就比较困难，必须考虑自适应的干扰消除方法，可以通过系统参数、脉冲波形和伪随机码的选择来有效地消除干扰信号的影响[4-5]。下面以采用二进制正交 TH-PPM 的 CUWB 系统为例，分析脉冲的抗干扰性能。

假设只有一个 CUWB 用户在通信且采用多带自适应脉冲发射，调制方式采用二进制 TH-PPM，发射信号可表示为

$$s(t) = \sqrt{E_p} \sum_{k=-\infty}^{\infty} v(t - kT_b - \varepsilon b_k) \tag{8-9}$$

$$v(t) = \sum_{j=1}^{N_s} p(t - jT_s - c_j T_c) \tag{8-10}$$

其中，$v(t)$ 为基本脉冲，T_s 为脉冲重复周期，c_j 为二进制伪随机序列，T_c 为伪随机序列的码片时间，N_s 为每个符号发送的脉冲数，$T_b = N_s T_s$ 为比特间隔，ε 为 PPM 时间偏移，b_k 为二进制码源经过重复编码器重复 N_s 次后的输出，E_p 为每个脉冲携带的能量。

假设接收端的接收机已经同步，则接收信号可以表示为

$$r(t) = \alpha s(t) + n(t) \tag{8-11}$$

其中，信道增益 α 取决于发射机和接收机之间的传播距离。

在接收端采用相关解调方案，接收信号经过滤波器与相关掩模进行相关运算，其中相关掩模 $m(t)$ 可表示为

$$m(t) = v(t) - v(t - \varepsilon) \tag{8-12}$$

相关器传输函数的模为

$$|M(f)| = \left| 2\sin(\pi f \varepsilon) \sum_{i=1}^{M} b_i \Phi_{ik}(\omega_i) \sum_{j=1}^{N_s} e^{-j2\pi f(jT_s + c_j T_c)} \right| \tag{8-13}$$

相关运算的结果送入积分器积分后，得到一组判决变量 Z

$$Z = \int_0^{T_b} r(t)m(t)\mathrm{d}t = \begin{cases} Z > 0, & \hat{b} = 0 \\ Z < 0, & \hat{b} = 1 \end{cases} \qquad (8\text{-}14)$$

解调后输出的信号功率为

$$P_s = N_s^2 E_p^2 (1 - \rho)^2 \qquad (8\text{-}15)$$

其中，ρ 表示发射脉冲的相关度，即

$$\rho = \frac{\int_{T_s} v(t)v(t - \varepsilon)\mathrm{d}t}{\int_{T_s} v^2(t)\mathrm{d}t} \qquad (8\text{-}16)$$

当发送的符号为相互独立的二进制序列且概率相等时，接收机的平均错误概率可表示为

$$\mathrm{Pr}_b = \frac{1}{\sqrt{2\pi}} \int_{\sqrt{\mathrm{SNR}}}^{\infty} \mathrm{e}^{-\frac{x^2}{2}} \mathrm{d}x \qquad (8\text{-}17)$$

在上述系统模型下，分析脉冲在宽带干扰、单频干扰和窄带干扰情况下的抗干扰性能。

（1）宽带干扰

假设 $n(t)$ 为带宽为 B_N 的宽带干扰，在信号带宽 B_s 的范围内，干扰的双边功率谱为 $\frac{n_J}{2}$，干扰功率为 $B_s n_J$。干扰信号通过相关器后输出的双边功率谱为

$$G_J = \frac{n_J}{2} |M(f)|^2 \qquad (8\text{-}18)$$

解调输出的干扰功率为

$$P_J(f) = \int_{B_s} \frac{n_J}{2} |M(f)|^2 \mathrm{d}f = n_J N_s E_p (1 - \rho) \qquad (8\text{-}19)$$

则相关解调后输出的信干比为

$$\mathrm{SIR} = \frac{N_s E_p (1 - \rho)}{n_J} \qquad (8\text{-}20)$$

式（8-20）表明，在存在宽带干扰的情况下，系统误码率仅与脉冲相关度 ρ、脉冲能量 E_p 和 N_s 有关。脉冲相关度 ρ 与脉冲持续时间 T_m 和时间偏移 ε 有关，为了降低误码率，应调整 T_m，使 ρ 达到最好，但是由于 T_m 和 ε 在一个数量级上，因

此调整脉冲参数对误码率的改善很有限。因此可以通过增加基础脉冲 $v(t)$ 中的脉冲重复次数 N_s，引入冗余的方法来降低系统误码率。图 8-10 为采用不同 N_s 时的误码率曲线。从图 8-10 中可以看出，通过自适应地调整参数 N_s，可以减小干扰对系统的影响。当 $B_N \gg B_s$ 时，宽带干扰相当于高斯白噪声。

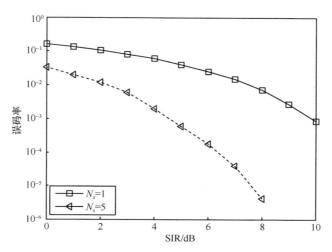

图 8-10　宽带干扰下的系统误码率

（2）单频干扰

设频带内仅有一个频率为 f_J、功率为 J 的单频干扰信号

$$n(t) = \sqrt{2J}\cos(2\pi f_J t) \tag{8-21}$$

则经相关器输出的干扰双边功率谱 $G_N(f)$ 为

$$G_J(f) = \left[\frac{J}{2}\delta(f - f_J) + \frac{J}{2}\delta(f + f_J) \right] |M(f)|^2 \tag{8-22}$$

积分后输出的干扰功率为

$$P_J(f) = 4J\sin^2(\pi f_J \varepsilon) \left| \sum_{i=1}^{M} b_i \Phi_{i0}(f_J) \right|^2 \left| \sum_{j=1}^{N_s} e^{-j2\pi f(jT_s + c_j T_c)} \right|^2 \tag{8-23}$$

此时输出的信干比为

$$\mathrm{SIR} = \frac{N_s{}^2 E_p{}^2 (1-\rho)^2}{4J\sin^2(\pi f_J \varepsilon) \left| \sum\limits_{i=1}^{M} b_i \Phi_{i0}(f_J) \right|^2 \left| \sum\limits_{j=1}^{N_s} e^{-j2\pi f(jT_s + c_j T_c)} \right|^2} \tag{8-24}$$

由式（8-24）可以看出，有两种方法可以抑制单频干扰。

① 合理地选择参数 ε，令 $f_J\varepsilon = k$，$k = 1,2,3,\cdots$，则 $\sin(\pi f_J\varepsilon) = 0$，输出的干扰功率为 0，单频干扰不会对系统造成干扰。

② 当参数 ε 固定不变时，可通过调整脉冲参数，使 $\sum_{i=1}^{M} b_i\Phi_{ik}(f_J) \approx 0$，则输出的干扰功率可以达到最小，系统抗干扰能力得到提高。

从上述分析可以看出，多带自适应脉冲的抗单频干扰性能更好，仅需要在单频干扰处调整子带脉冲相位，使相位相差 π 即可。图 8-11 为在单频干扰下，调整参数前后的系统误码率曲线。

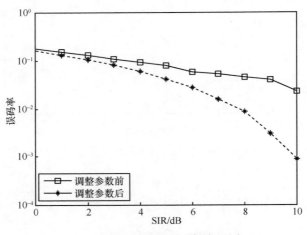

图 8-11　单频干扰下的系统误码率

（3）窄带干扰

设在信号带宽 B_s 的范围内存在一个带宽为 $B_J = \mu B_s$ 的窄带干扰，其中 $\mu < 1$，干扰的中心频率为 f_J，干扰双边功率谱 $G_N(f)$ 为

$$G_N(f) = \begin{cases} \dfrac{n_J}{2\mu}, & |f + f_J| < \dfrac{B_J}{2} \\ 0, & \text{其他} \end{cases} \tag{8-25}$$

窄带干扰通过相干解调后输出功率可表示为

$$P_J = \frac{n_J}{2\mu}\int_{f_J - \frac{B_J}{2}}^{f_J + \frac{B_J}{2}} \left|\sum_{i=1}^{M} b_i\Phi_{i0}(f)\right|^2 \left|2\sin(\pi f\varepsilon)\sum_{j=1}^{N_s} e^{-j2\pi f(jT_s + c_jT_c)}\right|^2 df \tag{8-26}$$

如果此时退出整个信道，将会有大段的频谱 $(1-\mu)B_s$ 空闲，导致频谱资源浪

费。可以采用频域陷波的方法实现共存，通过调整多带自适应脉冲的参数，撤销干扰频带内的子带脉冲后，使 $P(f)$ 在频带 $\left[f_J - \dfrac{B_J}{2}, f_J + \dfrac{B_J}{2}\right]$ 内达到最低，从而使窄带干扰对系统的影响降到最低。当 $B_J \ll B_s$ 时，窄带干扰可近似为单频干扰；当 $B_J \approx B_s$ 时，窄带干扰变成宽带干扰。图 8-12 为窄带干扰下的系统误码率曲线。

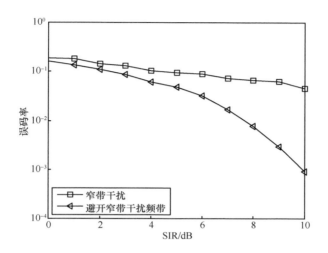

图 8-12　窄带干扰下的系统误码率

8.3.3　多用户下的系统性能分析

8.3.2 节讨论了单用户情况下脉冲的抗干扰性能，本节将对多用户干扰（Multi-User Interference，MUI）下的脉冲性能进行分析。由于考虑的是 MUI，因此信道采用的是简单的无多径高斯白噪声信道。仿真结果是在采用基于标准高斯近似（Standard Gaussian Approximation，SGA）的假设下进行的，在接收端把所有干扰成分的累积看作具有均匀功率谱密度的加性高斯噪声，噪声的双边功率谱密度为 $\dfrac{n_0}{2}$，调制方式采用 TH-PPM。

第 n 个用户发射的信号可以表示为

$$s^{(n)}(t) = \sum_{j=-\infty}^{\infty} \sqrt{E_p^{(n)}} \, p\left(t - jT_s - C_j^{(n)}T_c - \varepsilon b_j^{(n)}\right) \qquad (8\text{-}27)$$

其中，$p(t)$ 为能量归一化的多频带脉冲。

假设在高斯白噪声信道中，接收机接收到 N_u 个用户发射的信号和噪声，接收信号的总和可表示为

$$r(t) = \sum_{n=1}^{N_u} \sum_{j=-\infty}^{+\infty} \sqrt{\alpha^{(n)} E_p^{(n)}}\, p\left(t - jT_s - C_j^{(n)} T_c - \varepsilon b_j^{(n)} - \tau^{(n)}\right) + n(t) \tag{8-28}$$

假设信源是相互独立同分布的，因此在接收端采用软判决，需要对 1 bit 间隔在 $[0, T_b]$ 内的 N_s 个脉冲进行判决。在这里假设第一个发射机发射的信号是有用信号，且接收端与发射端已经同步，即 $\tau^{(1)} = 0$，此时接收信号 $r(t)$ 可以表示成有用信号 $r_u(t)$、多用户干扰信号 $r_{\mathrm{mui}}(t)$ 和热噪声 $n(t)$ 的和的形式，即

$$r(t) = r_u(t) + r_{\mathrm{mui}}(t) + n(t) \tag{8-29}$$

$$r_u(t) = \sum_{j=1}^{N_s} \sqrt{\alpha^{(1)} E_p^{(1)}}\, p\left(t - jT_s - C_j^{(1)} T_c - \varepsilon b_j^{(1)}\right) \tag{8-30}$$

$$r_{\mathrm{mui}}(t) = \sum_{n=2}^{N_u} \sum_{j=\infty}^{+\infty} \sqrt{\alpha^{(n)} E_p^{(n)}}\, p\left(t - jT_s - C_j^{(n)} T_c - \varepsilon b_j^{(n)} - \tau^{(n)}\right) \tag{8-31}$$

判决对应的相关掩模 $m(t)$ 为

$$m(t) = \sum_{j=1}^{N_s} p\left(t - jT_s - C_j^{(1)} T_c\right) - \sum_{j=1}^{N_s} p\left(t - jT_s - C_j^{(1)} T_c - \varepsilon b_j^{(1)}\right) \tag{8-32}$$

软判决器的输出可以表示为[6]

$$Z = Z_u + Z_{\mathrm{mui}} + Z_n \tag{8-33}$$

其中，Z_u、Z_{mui} 和 Z_n 分别表示有用信号、多用户干扰信号和热噪声的判决变量。

对于 1 bit 内有 N_s 个脉冲的信号，接收机输出的有用信号的 1 bit 的能量 E_u 为

$$E_u = (Z_u)^2 = \left[\sqrt{\alpha^{(1)} E_p^{(1)}} \int_0^{T_b} \sum_{j=1}^{N_s} p\left(t - jT_s - C_j^{(1)} T_c - \varepsilon b_j^{(1)}\right) \cdot \right.$$

$$\left. \left(\sum_{j=1}^{N_s} p\left(t - jT_s - C_j^{(1)} T_c\right) - \sum_{j=1}^{N_s} p\left(t - jT_s - C_j^{(1)} T_c - \varepsilon\right) \right) \mathrm{d}t \right]^2 \tag{8-34}$$

由于脉冲持续时间 $T_m < T_s$ 且 $T_b = N_s T_s$，所以式（8-34）可以表示为

$$E_u = \alpha^{(1)} E_p^{(1)} \left[\sum_{j=1}^{N_s} \int_{(j-1)T_s}^{jT_s} p\left(t - jT_s - C_j^{(1)} T_c - \varepsilon b_j^{(1)}\right) \left(p\left(t - jT_s - C_j^{(1)} T_c\right) - \right.\right.$$

$$\left.\left. p\left(t - jT_s - C_j^{(1)} T_c - \varepsilon\right) \right) \mathrm{d}t \right]^2 = \alpha^{(1)} E_p^{(1)} N_s^{\,2} \left(\int_0^{T_m} p(t) p(t) \mathrm{d}t \right)^2 \tag{8-35}$$

因为 $p(t)$ 为能量归一化的多频带脉冲，所以式（8-35）的结果为

$$E_u = \alpha^{(1)} E_m^{(1)} N_s^{\,2} \tag{8-36}$$

对于接收机而言，除第一个发射机信号以外的其他信号均为干扰信号，根据式（8-36），可以得出第 n 个发射机信号（$n \neq 1$）的一个脉冲对接收机输出的判决变量造成的干扰 $Z_1^{(n)}$，它是时延 $\tau^{(n)}$ 的函数

$$Z_1^{(n)}(\tau^{(n)}) = \sqrt{\alpha^{(n)} E_p^{(n)}} \int_0^{T_m} p(t - \tau^{(n)}) p(t) \mathrm{d}t \qquad （8\text{-}37）$$

假设时延 $\tau^{(n)}$ 在一个脉冲周期范围内服从均匀分布，则第 n 个发射机信号产生的干扰能量为

$$\sigma_{\mathrm{mui}^{(n)}}^2 = \frac{N_s \alpha^{(n)} E_p^{(n)}}{T_s} \int_0^{T_s} \left(\int_0^{T_m} p(t - \tau^{(n)}) p(t) \mathrm{d}t \right)^2 \mathrm{d}\tau^{(n)} \qquad （8\text{-}38）$$

由于所有的码字和时延都是相互独立的，因此总的干扰能量为 $N_u - 1$ 个干扰信号总能量的和，在接收端，1 bit 信息受到的总的多用户干扰为

$$\begin{aligned} \sigma_{\mathrm{mui}}^2 &= \sum_{n=2}^{N_u} \sigma_{\mathrm{mui}^{(n)}}^2 = \\ &\frac{N_s}{T_s} \left(\int_0^{T_s} \left(\int_0^{T_m} p(t - \tau^{(n)}) p(t) \mathrm{d}t \right)^2 \mathrm{d}\tau^{(n)} \right) \sum_{n=2}^{N_u} \alpha^{(n)} E_p^{(n)} = \\ &\frac{N_s}{T_s} \int_{-T_m}^{T_m} R_p^2(\tau^{(n)}) \mathrm{d}\tau^{(n)} \sum_{n=2}^{N_u} \alpha^{(n)} E_p^{(n)} \end{aligned} \qquad （8\text{-}39）$$

其中，$R_p(\tau^{(n)})$ 为脉冲 $p(t)$ 的自相关函数。

接收机输出的热噪声的能量为

$$\sigma_n^2 = N_s \frac{N_0}{2} \qquad （8\text{-}40）$$

为了将热噪声和多用户干扰的影响分开，多用户条件下的信噪比可以写成

$$\mathrm{SNR}^{-1} = \left(\frac{E_u}{\sigma_n^2} \right)^{-1} + \left(\frac{E_u}{\sigma_{\mathrm{mui}}^2} \right)^{-1} = \left(\frac{2E_b^{(1)}}{N_0} \right)^{-1} + \left(\frac{1}{R_b \sum_{n=2}^{N_u} \dfrac{E_b^{(n)}}{E_b^{(1)}} \sigma_{(n)}^2} \right)^{-1} \qquad （8\text{-}41）$$

其中，$\sigma_{(n)}^2 = \int_{-T_p}^{T_p} R_p^2(\tau^{(n)}) \mathrm{d}\tau^{(n)}$，$E_b^{(n)} = N_s \alpha^{(n)} E_p^{(n)}$ 为第 n 个用户 1 bit 信息的接收能量，$R_b = \dfrac{1}{T_b}$ 为信源的比特速率。

一般情况下，N_s 个发射机的发射功率相同，经过相同的信道传输后，接收到的比特能量 $E_b^{(n)}$ 的统计均值相同，因此对不同的用户，接收能量可认为是近似相

等的，所以式（8-41）可以简化为

$$\mathrm{SNR}^{-1} = \left(\frac{2E_b^{(1)}}{N_0}\right)^{-1} + \left(\frac{1}{R_b(N_u-1)\sigma_{(n)}^2}\right)^{-1} \tag{8-42}$$

在 SGA 假设下，多用户超宽带系统误码率为

$$\mathrm{Pr}_b = \frac{1}{2}\mathrm{erfc}\left(\sqrt{\frac{1}{2}\left(\left(\frac{2E_b^{(1)}}{N_0}\right)^{-1} + \left(\frac{1}{R_b(N_u-1)\sigma_{(n)}^2}\right)^{-1}\right)^{-1}}\right) \tag{8-43}$$

根据式（8-43），系统误码率受热噪声和多用户干扰共同影响，多用户造成的误码率由用户数据的比特速率、多用户数以及脉冲波形的自相关函数决定，这些参数越小，对多用户造成的影响越小。

下面根据上述理论分析结果，对不同脉冲在多用户下的性能进行分析。将本章提出的两种脉冲与 Scholtz 单脉冲、高斯单脉冲、组合高斯脉冲和升余弦脉冲进行比较。仿真条件为：脉冲持续时间 $T_m = 2\,\mathrm{ns}$、脉冲重复周期 $T_s = 9\,\mathrm{ns}$、脉冲重复次数 $N_s = 5$、干扰用户数量 $N_u = 10$。各脉冲的 σ^2 如表 8-2 所示，多用户条件下的不同脉冲的系统误码率如图 8-13 所示。

表 8-2　各脉冲的 σ^2

脉冲	σ^2
Scholtz 单脉冲	$2.532\ 7\times10^{-10}$
高斯单脉冲	$2.137\ 7\times10^{-10}$
组合高斯脉冲	$7.728\ 1\times10^{-11}$
升余弦脉冲	$1.651\ 7\times10^{-10}$
单带自适应脉冲	$1.877\ 2\times10^{-10}$
多带自适应脉冲	$1.702\ 7\times10^{-10}$

图 8-13 的仿真条件为 10 个用户、调制方式均采用 TH-PPM、不同用户使用的脉冲类型相同。当信噪比较低时，系统的误码率主要受热噪声影响，脉冲波形对误码率的影响并不明显；当信噪比增大到 10 dB 以上时，脉冲波形对误码率的影响开始明显，系统受到多用户的限制。从图 8-13 中可以看出，在表 8-2 中列出的 6 种脉冲中，组合高斯脉冲的自相关性最好、性能最优；本章提出的多带自适应脉冲性能仅次于组合高斯脉冲，但计算量远小于高斯组合脉冲，更利于实现；单带自适应脉冲的误码率介于升余弦脉冲和单高斯脉冲之间，在此仿真条件下，并没有发挥出单带脉冲良好的正交特性；Scholtz 单脉冲的性能最差。

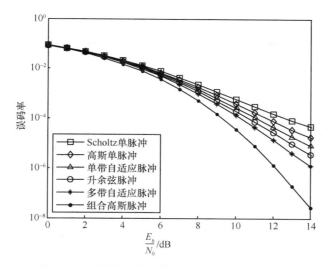

图 8-13　多用户条件下的不同脉冲的系统误码率

　　以上分析采用的是 TH-PPM 超宽带系统，10 个用户使用的是相同的脉冲，如果将正交脉冲引入 TH-PPM 系统中，则可以在提高系统用户容量的同时，进一步地降低系统误码率。下面分别对单带自适应脉冲、多带自适应脉冲和正交 Hermite 脉冲进行仿真，干扰用户的数量是 10 个，其中可供用户选择的 3 种正交脉冲的数量为 7，即在进行正交 Hermite 脉冲的仿真时，10 个用户随机抽取 7 个正交 Hermite 脉冲中的一个用于通信，则系统信噪比为

$$\mathrm{SNR}^{-1} = \left(\frac{2E_b^{(1)}}{N_0} \right)^{-1} + \left(\frac{1}{R_b \sum_{n=2}^{N_u} \int_{-T_p}^{T_p} R_{p_1 p_n}^2 (\tau^{(n)}) \mathrm{d}\tau^{(n)}} \right)^{-1} \qquad (8\text{-}44)$$

其中，$R_{p_1 p_n}(\tau^{(n)})$ 为第一个用户与第 n 个用户的互相关函数。

　　多用户条件下采用正交脉冲的系统误码率如图 8-14 所示。从图 8-14 中可以看出，当信噪比较低时，系统的误码率主要受热噪声影响；当信噪比增大到 5 dB 以上时，脉冲波形开始影响系统误码率。在上述 3 种脉冲中，采用本章提出的多带自适应脉冲抗多用户干扰性能最优；单带自适应脉冲的抗多用户干扰性能次之；Hermite 脉冲的性能最差。随着正交脉冲数量的增加，系统性能会有更大的提高。

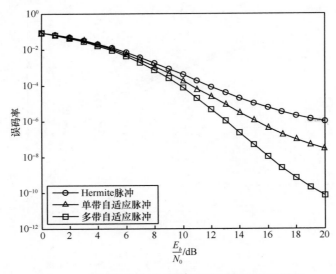

图 8-14　多用户条件下采用正交脉冲的系统误码率

参 考 文 献

[1]　张洪欣, 吕英华, 贺鹏飞, 等. 消除与 WLAN 同频干扰的 UWB 正交成形脉冲序列设计[J]. 武汉大学学报(理学版), 2005, 51(S2): 61-63.

[2]　陈国东, 武穆清. 一种基于多频带 PSWFs 组合的 CUWB 自适应脉冲波形设计[J]. 电子与信息学报, 2008, 30(6): 1532-1436.

[3]　卜长江, 罗跃生. 矩阵论[M]. 哈尔滨: 哈尔滨工程大学出版社, 2007.

[4]　WIN M Z, SCHOLTZ R A. Ultra-wide bandwidth time-hopping spread-spectrum impulse radio for wireless multiple-access communications[J]. IEEE Transactions Communication, 2000, 48(4): 679-689.

[5]　葛利嘉, 曾凡鑫, 刘郁林, 等. 超宽带无线通信[M]. 北京: 国防工业出版社, 2006.

[6]　沙学军, 林迪, 吴宣利. 多用户多径环境下超宽带系统误码性能分析[J]. 江苏大学学报, 2009, 30(2): 174-177.

第 9 章
认知超宽带频谱移动管理

    CR 技术能够提高频谱利用率的原因是 CR 用户可以采用机会接入的方式使用频谱资源，但是当授权用户出现或信道状态不能满足业务要求时，CR 用户必须退出现有频谱，寻找新的频谱空洞并重新建立链接以维持正在进行中的通信，这个过程就是由频谱移动带来的频谱切换过程。在切换的过程中，如果没有空闲的频谱空洞或是频谱特性无法满足 CR 用户业务的 QoS，就会导致通信的中断，这是认知系统中应该尽力避免的。近年来，许多学者都对频谱切换技术展开了研究，文献[1]提出了一种信道空闲概率排序的频谱切换算法，CR 用户根据空闲概率的大小选择切换的目标频段，减少了切换次数，达到了减小时延的目的。文献[2-3]通过选择性地感知频谱来降低频谱的检测时间，从而降低切换时延，并通过对环境的监测提前预判切换的发生。但以上的研究针对的都是认知无线电环境中的常规通信方式，目前对 CUWB 系统中的频谱切换策略的研究还很少。

    CUWB 系统与其他认知系统不同的是，CR 用户采用超宽带通信方式，信号的带宽远大于其他窄带认知系统，这就对 CUWB 系统的频谱移动管理提出了更高的要求，如选择怎样的频谱切换策略来提高切换的成功率，切换机制对通信中断率的影响，授权用户与 CR 用户间的带宽差异问题以及频谱切换对认知设备的要求等。

9.1 频谱移动性管理

9.1.1 频谱切换概述

    当 CR 用户在通信过程中发生频谱的移动和切换时，通信链接会暂时中断。当 CR 用户寻找到新的频谱空洞后，发射端和接收端必须重新建立链接，发射端进行频谱切换之后，通过握手协议告知接收端，这一过程会带来新的通信开销，即切换时延。对于分布式网络中的节点，设计收发双方间快速、有效的握手机制显得尤为重要。图 9-1 为频谱切换示意。

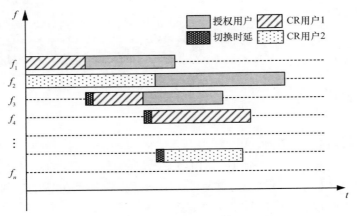

图 9-1　频谱切换示意

频谱切换不仅会带来链路层时延，同时网络层、传输层也会受到频谱切换的影响。进行频谱切换后，系统会工作在不同的频段上，因此传输层网络协议必须做出相应调整，与新的工作频段的信道参数相适应，如带宽、数据速率、调制方式、信道编码方式、干扰等，这与传统的传输层协议是不同的。设计传输层协议时，需要特别考虑频谱切换时延的影响。对 CR 用户来说，设计路由协议的参考指标除了传统指标，如跳数、拥塞程度外，还需要考虑信道切换次数等新的指标。频谱移动性管理的关键在于要预先知道频谱切换的反应时间，而这部分信息需要由频谱感知算法提供；同时，移动性管理还需要跨层设计来完成其功能。

9.1.2　频谱切换对认知设备的要求

频谱切换通常是伴随着频谱检测进行的，这就要求认知设备具有较高的处理速度，此外，在建立新的通信链路的同时，还要对频谱池进行维护，对频谱空洞的记录进行更新，因此认知设备需要两套信号处理装置，一套用来收发通信信号，另一套用来定期接收射频信号进行频谱检测。

针对 CUWB 系统的情况，由于 CR 用户信号带宽大于授权用户信号带宽，频谱池内频谱空洞的数量将会大大减少，CR 用户可能会同时占用两个或多个频谱空洞，因此要求认知设备具有合并信道的功能，可以将多个空闲信道合并成一个宽带信号，供 CUWB 用户使用，这样不仅可以增加 CR 用户的切换成功率，提高切换效率，还可以最大限度地提高频谱利用率。

9.2　频谱切换策略

　　CR 用户在进行频谱切换时的频谱切换策略主要有两种：即时频谱切换策略和频谱池切换策略。假设授权用户和 CR 用户的到达和离开过程是相互独立的，且均为泊松随机过程，到达率分别为 λ_a 和 λ_b，授权用户和 CR 用户的业务请求时间服从负指数分布，每个业务的平均持续时间分别为 $\dfrac{1}{\mu_a}$ 和 $\dfrac{1}{\mu_b}$。

9.2.1　即时频谱切换策略

　　即时频谱切换策略可以认为是一种无优先级的切换策略，CR 用户在没有切换请求时，不进行频谱检测以节省硬件资源；当授权用户出现或信道状态发生改变时才检测频谱，即频谱检测是在发生切换需求之后进行的。如果检测到有适合业务需求的频谱空洞，则请求接入新的频段继续通信，否则，CR 用户将被中断服务。这种方式对硬件的要求较低，适用于非实时业务。

　　假设在授权用户和 CR 用户共存的区域内，有 S 个信道可供两者使用，其中授权用户具有优先使用权。用整数对 (i, j) 表示频谱接入的状态，其中 i 表示 CR 用户占用信道的数量，j 表示授权用户使用信道的数量，利用马尔可夫链对该区域内的信道占用情况建模，系统状态转移模型如图 9-2 所示。

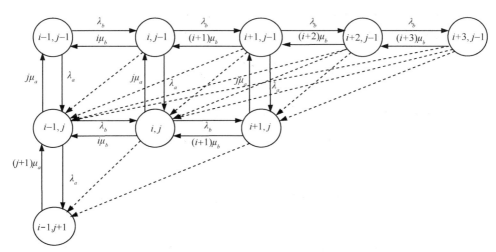

图 9-2　系统状态转移模型

图 9-2 中，虚线表示某一时刻授权用户出现需要通信，而其授权频段正在被

一个或是多个 CR 用户占用的情况，此时 CR 用户被迫中断通信或跳转到其他信道；实线表示授权用户通信结束释放信道或是区域内有空闲信道供 CR 用户使用的情况。由于授权用户和 CR 用户的信号带宽可能存在差异，因此不同的带宽情况导致信道状态的转移情况也会不同。

当授权用户与 CR 用户占用的带宽相同，即一个信道内只能容纳一个授权信号或是一个 CR 信号时，区域内总的用户数量满足条件 $i+j \leqslant S$。信道状态的转移可分为以下几种情况。

（1）区域内存在空闲信道

① 授权用户接入导致的状态变化为：$(i, j) \rightarrow (i, j+1)$。

② CR 用户接入导致的状态变化为：$(i, j) \rightarrow (i+1, j)$。

（2）区域内没有空闲信道

① 授权用户接入导致的状态变化为：$(i, j) \rightarrow (i-1, j+1)$。

② CR 用户的接入请求被阻止，通信暂时中断。

当授权用户信号的带宽大于 CR 用户信号的带宽，即一个授权用户占用多个 CR 用户信道时，区域内总的用户数量满足条件 $i+\left\lceil \dfrac{B_l}{B_c} \right\rceil j \leqslant S$，其中 B_l 为授权用户信号带宽，B_c 为 CR 用户信号带宽，$\lceil \cdot \rceil$ 为向上取整运算，则信道状态的转移可表示为下列情况。

（1）区域内存在的空闲信道数量 $m \geqslant \left\lceil \dfrac{B_l}{B_c} \right\rceil$

① 授权用户接入导致的状态变化为：$(i, j) \rightarrow (i, j+1)$。

② CR 用户接入导致的状态变化为：$(i, j) \rightarrow (i+1, j)$。

（2）区域内存在的空闲信道数量 $1 \leqslant m < \left\lceil \dfrac{B_l}{B_c} \right\rceil$

① 授权用户接入导致的状态变化为：$(i, j) \rightarrow \left(i-\left\lceil \dfrac{B_l}{B_c} \right\rceil + m, j+1\right)$。

② CR 用户接入导致的状态变化为：$(i, j) \rightarrow (i+1, j)$。

（3）区域内没有空闲信道

① 授权用户接入导致的状态变化为：$(i, j) \rightarrow \left(i-\left\lceil \dfrac{B_l}{B_c} \right\rceil, j+1\right)$。

② CR 用户的接入请求被阻止，通信暂时中断。

以上分析的是基于 CR 用户带宽小于或等于授权用户带宽的情况，但在 CUWB 系统中，CR 用户使用的 UWB 信号带宽大于授权用户信号带宽。因此，一个 CR 用户会占用 $m\,(m \geqslant 2)$ 个信道，当这些信道中有授权用户接入时，如果采用和上述情况同样的处理方式，CR 用户就需要返还 m 个信道，但授权用户只占用其中一个信道用于通信，剩余的 $m-1$ 个信道由于带宽不满足 CR 用户的要求，因此处于空闲状态，这是一种频谱资源的浪费。检测与避让（Detect and Avoid，DAA）技术可以缓和 CUWB 系统中 CR 用户和授权用户间的带宽矛盾，提高频谱利用率[4]。DAA 技术也被看作 CR 技术的一种简单应用，CR 用户检测到授权信号的存在之后，会主动避让授权频段而使用剩余空闲的频段，CR 用户可以在新的频段加大发射功率，同时又不会对授权信号产生干扰。DAA 技术原理如图 9-3 所示。

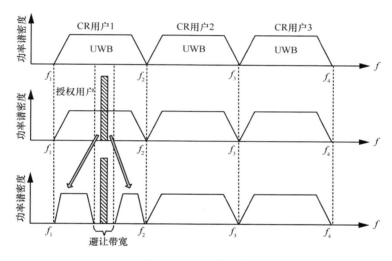

图 9-3　DAA 技术原理

DAA 技术要求系统能够产生可以适应频谱变化的 UWB 脉冲，本书提到的多带自适应脉冲可以满足上述要求。采用 DAA 技术之后，假设 CR 用户最多可以和一个授权用户共用频段，则区域内总的用户数量满足条件 $i\left(\left\lceil\dfrac{B_c}{B_l}\right\rceil-1\right)+j\leqslant S$，则信道状态的转移可分为以下几种情况。

（1）区域内存在的空闲信道数量 $m\geqslant\left\lceil\dfrac{B_c}{B_l}\right\rceil-1$

① 授权用户接入导致的状态变化为：$(i,j)\rightarrow(i,j+1)$。

② CR 用户接入导致的状态变化为：$(i,j)\rightarrow(i+1,j)$。

（2）区域内存在的空闲信道数量 $1\leqslant m<\left\lceil\dfrac{B_c}{B_l}\right\rceil-1$

① 授权用户接入导致的状态变化为：$(i,j)\rightarrow(i,j+1)$。

② CR 用户的接入请求被阻止，通信暂时中断。

（3）区域内没有空闲信道（$m=0$），且 CR 用户带宽内授权用户数量已达到最大

① 授权用户接入导致的状态变化为：$(i,j) \rightarrow (i-1, j+1)$。

② CR 用户的接入请求被阻止，通信暂时中断。

上述 CUWB 系统在不同情况下的信道状态转移情况如图 9-4 所示。

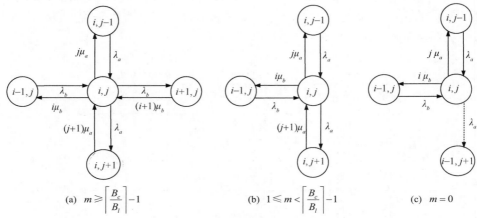

图 9-4　状态转移模型

设 $P(i,j)$ 表示信道处于状态 (i,j) 时的稳态概率，则根据图 9-4 可知，$P(i,j)$ 满足平衡方程

$$(j\mu_a + \lambda_b + i\mu_b + \lambda_a)P(i,j) = \lambda_b P(i-1,j) + (i+1)\mu_b P(i+1,j) +$$

$$\lambda_a P(i,j-1) + (j+1)\mu_a P(i,j+1), \quad i\left(\left\lceil \frac{B_c}{B_l} \right\rceil - 1\right) + j \leqslant S + 1 - \left\lceil \frac{B_c}{B_l} \right\rceil \tag{9-1}$$

$$(i\mu_b + j\mu_a + \lambda_a)P(i,j) = \lambda_a P(i,j-1) + \lambda_b P(i-1,j) + (j+1)\mu_a P(i,j+1),$$

$$S + 1 - \left\lceil \frac{B_c}{B_l} \right\rceil < i\left(\left\lceil \frac{B_c}{B_l} \right\rceil - 1\right) + j \leqslant S - 1 \tag{9-2}$$

$$(i\mu_b + j\mu_a + \lambda_a)P(i,j) = \lambda_a P(i,j-1) + \lambda_b P(i-1,j), \ i\left(\left\lceil \frac{B_c}{B_l} \right\rceil - 1\right) + j > S - 1 \tag{9-3}$$

$$\sum_{j=1}^{S} \sum_{i=1}^{\frac{S}{\left\lceil \frac{B_c}{B_l} \right\rceil}} P(i,j) = 1 \tag{9-4}$$

将以上所有等式联立，可以得到一个方程组，方程组的解即为所有稳定状态的概率。

9.2.2　频谱池切换策略

基于频谱池的切换策略要求 CR 用户无论是否处于通信状态都要按照业务的强度，定期进行频谱检测，并将检测结果记录保存下来，形成一个频谱的资源池。这样做的目的是保证当优先级更高的授权用户出现时，CR 用户可以不必重新检测频谱，只要在自己记录的频谱池中选取合适的频谱空洞就可以继续通信。这种切换策略的切换时延短、接入成功率高，但同时也增加了系统对硬件的要求。

即使是在频谱池切换策略下，CR 用户业务仍存在被强制中断的可能，因为频谱池中频谱空洞的数量是一个随机变量，取决于当前频谱环境和业务需求。从概率上讲，存在下面这种情况：在 CR 用户开始下一轮频谱检测之前，频谱池内的可用频谱资源已经用完。如果此时 CR 用户提出切换请求，则会由于频谱资源不足而被中断通信。CR 用户在建立起通信链路之后，需要定期检测频谱，假设每一轮频谱检测扫描到区域内可用频谱空洞的数量为 N，CR 用户从其中选取 $L_{\max}$ 个频谱空洞建立自己的频谱池 L，如图 9-5 所示。

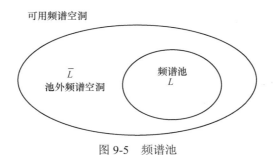

图 9-5　频谱池

对于频谱池内的资源，CR 用户和授权用户有不同的使用规则：CR 用户的业务只能使用 L 中的资源，授权用户业务则不受限制，既可以使用 L 中的频谱资源，也可以使用 $\overline{L}$ 中的频谱资源。但是无论是何种业务占用了频谱空洞，业务结束后释放的资源在下一轮频谱检测之前不再属于频谱池，即 CR 用户在下一轮频谱检测开始之前，仅知道频谱空洞何时被占用，却不知道被占用的时长。因此，频谱池内的资源数量是随着时间逐渐减少的，当频谱空洞的数量减少到 $L_{\min}$ 时，CR 用户开始新一轮的频谱检测。假设在两次频谱检测之间，射频环境不发生变化，系统中频谱空洞不发生变化，频谱池内资源的减少速率 λ 主要受授权用户接入速率 λ_a 和 CR 用户接入速率 λ_b 共同影响，由于 CR 用户只能使用频谱池内的资源，因此由 CR 用户接入导致的资源减少速率为 λ_b，任意时刻，频谱池内用户数量为 k，则由授权用户接入导致的资源减少速率为 $\dfrac{L_{\max}-k}{N}\lambda_a$，则频谱池内总的减少速率 λ 为

$$\lambda = \lambda_b + \frac{L_{\max}-k}{N}\lambda_a,\ k = 0,1,2,\cdots,L_{\max}-L_{\min}-1 \tag{9-5}$$

其中，k 为频谱池中被占用的空洞数量。式（9-5）是在 CR 用户与授权用户带宽相同的情况下得出的，当两者的带宽不相同时，频谱池内资源减少速率可表示为

$$\lambda = \begin{cases} \lambda_b + \left\lceil \dfrac{B_l}{B_c} \right\rceil \dfrac{L_{\max}-k}{N}\lambda_a, & B_l > B_c \\[4mm] \left\lceil \dfrac{B_c}{B_l} \right\rceil \lambda_b + \dfrac{L_{\max}-k}{N}\lambda_a, & B_l < B_c \end{cases} \tag{9-6}$$

资源减少速率 λ 越大，表示该区域内业务量越大，两次频谱检测之间的间隔时间越短。若频谱检测的结果是可用频谱空洞数量 N 小于设定的 $L_{\max}$，则将所有资源都纳入频谱池，即 $L_{\max}=N$；若 N 小于设定的 $L_{\min}$，则系统不能建立频谱池，转为采用即时频谱切换策略。

🔍 9.3 频谱切换机制

9.3.1 预留信道机制

建立频谱池是为了保证授权用户的接入成功率而对 CR 用户使用频谱空洞的数量做出的限制，这导致了 CR 用户较高的强制中断概率。为了解决这个问题，在部分认知网络中，引入了信道预留机制。认知网络由一个认知基站、M 个授权用户和 N 个 CR 用户组成，在信道预留机制中，通过授权用户和 CR 用户之间的协商，在可用频谱资源中划分出一部分作为 CR 用户的预留信道，协议达成之后，授权用户不能占用预留信道，即预留信道是为保护 CR 用户而设定的[5-6]。图 9-6 为信道预留机制下频谱资源的划分情况。

图 9-6 信道预留机制下频谱资源的划分情况

频谱池中的可用频谱空洞被分成两个部分：预留信道 $L_r = \{1,2,3,\cdots,p\}$ 和普通信道 $L_n = \{1,2,3,\cdots,q\}$，其中 p 和 q 为预留信道和普通信道的数量，且满足 $p+q=L_{\max}$。信道预留机制的进行过程可以表述为下列场景。

① 授权用户申请接入：当一个新的授权用户申请接入时，若此时系统有空闲的普通信道，则授权用户占用一条空闲信道 $s_j \in L_n$ 进行通信；若所有普通信道均有用户通信，则其中一个 CR 用户将被强制返还它所使用的信道给授权用户，此时基站会分配给该 CR 用户一条空闲的预留信道 $s_i \in L_r$，以保证 CR 用户的正常通信，但是如果所有的预留信道也都被占用，则该 CR 用户的通信将被强制中断。

② 授权用户离开：当一个授权用户完成通信后，就会释放它占用的一条普通信道，此时基站会将一个在预留信道中通信的 CR 用户转移到这条普通信道。因此，L_n 内信道分布情况不变，L_r 内多出一条预留信道。

③ CR 用户申请接入：当一个新的 CR 用户申请接入时，若 L_n 内有空闲的普通信道，则认知基站分配给该 CR 用户一条普通信道 $s_i \in L_n$。若 L_n 内信道均被占用，则基站分配给 CR 用户一条预留信道 $s_i \in L_r$。若此时 L_r 内也没有空闲信道，则该 CR 用户的申请将被拒绝，也称为 CR 业务被阻塞。

④ CR 用户离开：当一个使用普通信道的 CR 用户通信结束后，另一个正在使用预留信道的 CR 用户将会被切换到这条被清空的普通信道中。

引入信道预留机制之后，系统信道状态发生了较大变化，稳态概率由 $P(i,j)$ 转变为 $P(i,j,l)$，其中 i、j 分别为普通信道中 CR 用户和授权用户的数量，l 为预留信道中 CR 用户的数量。当普通信道中有用户离开时，都会导致预留信道中用户数量的变化，下面讨论一种最普遍的情况，当普通信道中没有空闲信道，预留信道还有空余，即 $i+j=q$，$0<l<p$ 时，信道状态转移情况如图 9-7 所示。

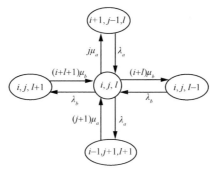

图 9-7　信道预留机制的状态转移模型

实验结果表明，预留信道机制的引入提高了 CR 用户的系统性能，可将强制中断率最大降低 48%，但是由于一些信道预留给 CR 用户，在业务量不大的情况下，很容易引起信道利用率的下降。

9.3.2 请求排队机制

预留信道机制适用于对切换时延要求较高的实时业务，在实际应用中，大部分 CR 用户的业务对实时性的要求并不高。因此，在没有空闲信道时，完全可以让提出接入请求的 CR 用户在缓存区等待，等有用户结束通信后再接入。基于这种思想，文献[7]提出了一种请求排队机制。

将频谱池内的频谱资源均匀划分成带宽相等的 S 个信道，则频谱池最多可以承载的用户数为 S。请求排队机制针对的是被授权用户强占信道而发起切换请求的 CR 用户和新提出接入请求的 CR 用户，当发生上述两种情况时，若频谱池内有空闲信道，则 CR 用户可立即接入，否则，系统将 CR 用户安排到缓存区排队等候，在缓存区内遵循先进先出的服务规则，队伍中的 CR 用户在不超出业务所能容忍的最大时延，即最大排队等待时间 τ 内，如果能获得空闲信道则立即接入继续通信，否则等候时间超出了最大排队时间，CR 用户的请求将被拒绝，业务发生强制中断。文献[7]给出了请求排队机制的两种方案，如图 9-8 所示。

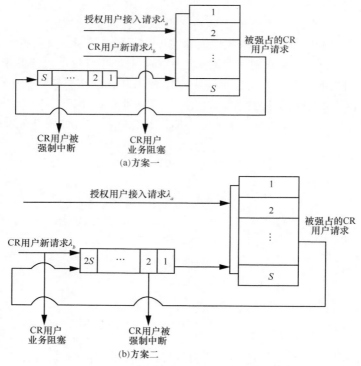

图 9-8　排队请求机制的两种方案

　　两种方案的区别在于缓存区容量和请求类型的设置。方案一中仅允许被授权用户强占的 CR 用户请求排队，缓存区内的信道数量与频谱池内相同，若在时间 τ 内没有获得信道，则发生 CR 用户被强制中断。方案二中缓存区内为被授权用户强占的 CR 用户设置了 S 个信道，同时也为提出新接入请求的 CR 用户设置了 S 个信道，即缓存区共有 $2S$ 个信道，若新 CR 用户在时间 τ 内没有获得信道，则发生 CR 用户业务阻塞。

　　定义 $R_{(i,j)\to(i,j+1)}$ 为状态 (i,j) 到状态 $(i,j+1)$ 的转移概率，两种排队请求方案中相邻状态的转移概率计算如下所示。

　　方案一

$$R_{(i,j)\to(i,j+1)} = \lambda_a, 0 \leq i \leq S,\ 0 \leq j \leq S-1 \tag{9-7}$$

$$R_{(i,j)\to(i,j-1)} = j\mu_a, 0 \leq i \leq S,\ 1 \leq j \leq S \tag{9-8}$$

$$R_{(i,j)\to(i+1,j)} = \begin{cases} \lambda_b, 0 \leq i \leq S-1-j,\ 0 \leq j \leq S-1 \\ 0, S-j \leq i \leq S,\ 0 \leq j \leq S \end{cases} \tag{9-9}$$

$$R_{(i,j)\to(i-1,j)} = \begin{cases} i\mu_b, 1 \leq i \leq S-j,\ 0 \leq j \leq S-1 \\ (S-j)\mu_b + \dfrac{i-S+j}{\tau}, S+1-j \leq i \leq S,\ 1 \leq j \leq S-1 \\ \dfrac{i}{\tau}, 1 \leq i \leq S,\ j = S \end{cases} \tag{9-10}$$

　　方案二

$$R_{(i,j)\to(i,j+1)} = \lambda_a, 0 \leq i \leq 2S,\ 0 \leq j \leq S-1 \tag{9-11}$$

$$R_{(i,j)\to(i,j-1)} = j\mu_a, 0 \leq i \leq 2S,\ 1 \leq j \leq S \tag{9-12}$$

$$R_{(i,j)\to(i+1,j)} = \lambda_b, 0 \leq i \leq 2S,\ 0 \leq j \leq S-1 \tag{9-13}$$

$$R_{(i,j)\to(i-1,j)} = \begin{cases} i\mu_b, 1 \leq i \leq S-j,\ 0 \leq j \leq S-1 \\ (S-j)\mu_b + \dfrac{i-S+j}{\tau}, S+1-j \leq i \leq 2S,\ 1 \leq j \leq S-1 \\ \dfrac{i}{\tau}, 1 \leq i \leq 2S,\ j = S \end{cases} \tag{9-14}$$

　　相比于预留信道机制，请求排队机制可有效地降低系统的强制中断率，此外，在降低系统阻塞概率的同时最多可提高 26% 的信道利用率。

9.4 部分避让机制

在信道预留机制和请求排队机制中，授权用户与 CR 用户使用的信道带宽相同，且在同一信道内，授权用户与 CR 用户相互影响不能共存，当授权用户出现在 CR 用户信道中时，CR 用户必须立即返还当前信道并转移到其他信道。上述两种机制不适合 CUWB 系统，原因主要有两方面：CUWB 系统中，授权用户和 CR 用户使用的信道带宽不同，授权用户（如 WLAN、蓝牙）的信号带宽较窄，相对于 CR 用户 UWB 信号来说属于窄带信号；通过合理调整参数，在一个 CR 用户信道中，CR 用户和授权用户信号可以共享信道。因此，本章将 DAA 技术引入请求排队机制并加以改进，提出一种新的部分避让机制。

假设频谱池内共有 S 个信道，一个 CR 用户占用 n 个信道，且一个 CR 用户信道内最多只能与一个窄带授权用户共享，两个授权用户不可同时占用相邻信道，且占用的信道间距较大，在概率上保证每一个 CR 用户信道中仅有一个授权用户，缓存区的容量与频谱池相同，遵循先进先出的服务规则，最大排队时间为 τ。

当授权用户出现时，它所在信道内的 CR 用户首先要估计其信号带宽，计算需要避让的频带宽度，判断是否可以与授权用户共存，信号带宽之比为

$$\frac{B_l}{B_c} = \frac{1}{\rho} \tag{9-15}$$

其中，B_c 为 CR 用户带宽；B_l 为授权用户带宽，即需要 CR 用户避让的带宽。

假设 r 为 CR 用户根据信号功率和传输距离设定的门限，若 $\rho \geqslant r$，则 CR 用户可以不切换信道，仅出让授权用户需要的部分频带，同时调整传输参数，利用剩余频带继续通信；否则，CR 用户被强占信道，立即退出通信，返还全部信道并到缓存区排队等待其他空闲信道。在缓存区内排队的 CR 用户，一旦超出最大等待时间 τ 还没有获得服务，则发生 CR 用户强制中断。在目前对 CUWB 开放的频谱范围内，授权用户均满足式（9-15），此时频谱池内最多可以容纳 $\frac{S}{n}$ 个授权用户和 $\frac{S}{n}$ 个 CR 用户，缓存区可容纳 $\frac{S}{n}$ 个 CR 用户排队等候。部分避让机制与排队等待机制的区别在于：DAA 技术的引入使 CR 用户在一定条件下与授权用户共存，不受授权用户影响。部分避让机制中相邻状态的转移概率为

$$R_{(i,j)\to(i,j+1)} = \lambda_a, \quad 0 \leqslant i \leqslant \frac{S}{n}, \ 0 \leqslant j \leqslant \frac{S}{n} - 1 \tag{9-16}$$

$$R_{(i,j)\to(i,j-1)} = j\mu_a, \quad 0 \leqslant i \leqslant \frac{S}{n}, \ 1 \leqslant j \leqslant \frac{S}{n} \tag{9-17}$$

$$R_{(i,j)\to(i+1,j)} = \begin{cases} \lambda_b, & 0 \leqslant i \leqslant \dfrac{S}{n}-1, \ 0 \leqslant j \leqslant \dfrac{S}{n} \\[2ex] 0, & \dfrac{S}{n} \leqslant i \leqslant \dfrac{2S}{n}, \ 0 \leqslant j \leqslant \dfrac{S}{n} \end{cases} \tag{9-18}$$

$$R_{(i,j)\to(i-1,j)} = \begin{cases} i\mu_b, & 1 \leqslant i \leqslant \dfrac{S}{n}, \ 0 \leqslant j \leqslant \dfrac{S}{n} \\[2ex] \dfrac{S}{n}\mu_b + \dfrac{i-\dfrac{S}{n}}{\tau}, & \dfrac{S}{n} \leqslant i \leqslant \dfrac{2S}{n}, \ 0 \leqslant j \leqslant \dfrac{S}{n} \end{cases} \tag{9-19}$$

频谱管理模块根据频谱检测的结果选择切换决策算法，并结合脉冲设计方法对传输参数重新配置。图 9-9 为部分避让机制流程。

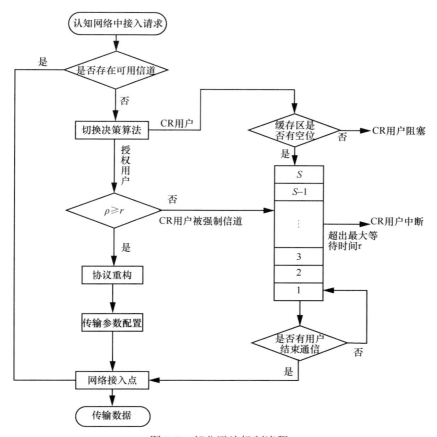

图 9-9　部分避让机制流程

由于部分避让机制是针对 CUWB 系统信号特性设计的, 因此与预留信道机制和排队请求机制相比, 部分避让机制具有更低的阻塞率和中断率, 以及更好的频谱利用率。结合第 8 章中的多带脉冲设计方法, 对采用部分避让机制前后的系统频谱利用率进行分析。系统频谱利用率表示 CR 用户在通信过程中对该段频谱的利用程度, 不仅与脉冲频谱利用率有关, 还与系统稳态概率有关。当授权用户到达时, 若系统采用信道预留机制, 则 CR 用户将切换到一条预留信道上; 若系统采用请求排队机制, 则 CR 用户必须立即返还频带, 切换到其他频带或到缓存区等待。无论采用上述哪一种机制, 授权用户都将独占一段带宽为 CR 信号宽度的频带, 由于授权用户相对于 CR 用户为窄带信号, 因此这会导致大段频谱空闲, 降低系统频谱利用率。此时若采用部分避让机制, 则 CR 用户可在不干扰授权用户的情况下, 继续占用该频段的空闲部分, 不必到缓存区等待。

下面对任意一个 CR 用户带宽范围内的频谱利用率进行仿真, 设授权用户信号带宽为 $2 \sim 100\,\mathrm{MHz}$, 平均持续时间为 $\dfrac{1}{\mu_a} = 400\,\mathrm{ms}$, CR 用户信号带宽为 $1\,\mathrm{GHz}$, 采用多带自适应脉冲, $T_m = 2\,\mathrm{ns}$, 数据传输速率为 $22\,\mathrm{Mbit/s}$, 平均持续时间为 $\dfrac{1}{\mu_b} = 40\,\mathrm{ms}$, 仿真时间为 $8\,\mathrm{s}$, 图 9-10 为采用部分避让机制和请求排队机制时, 系统平均频谱利用率随授权用户到达率变化的情况。从图 9-10 中可以看出, 随着授权用户到达率的增加, 请求排队机制下的 CUWB 系统的频谱切换次数增大, 授权用户对频谱的利用率又很低, 因此系统平均频谱利用率降低, 系统不能充分利用频谱资源; 采用部分避让机制的 CUWB 系统的频谱利用率基本不受授权用户到达率的影响, 在仿真时间内保持较高的频谱利用率, 充分利用了频谱资源。

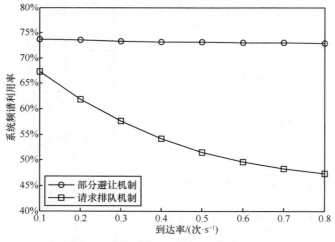

图 9-10 不同切换机制下系统频谱利用率随授权用户到达率变化的情况

引入 DAA 技术的部分避让机制主要利用的是 DAA 技术的频率自适应性，是在网络层上考虑 CR 用户与授权用户的共存问题，通过检测信道占用情况改变发射信号频谱特性的方法（例如在授权用户系统工作频带处产生凹槽）来减轻 CR 用户与授权用户间的干扰。目前关于 DAA 技术与 UWB 技术结合的研究已经展开，文献[3]提出了 UWB 与 WiMax 和 UMTS 共存时的 DAA 流程。除了利用频域自适应性，还可以利用 DAA 技术的时间自适应性，通过时间避免的方式解决干扰问题。时间避免是指 CR 用户通过从时域上避免受扰系统来实现共存的目的，即当检测到授权用户时，CR 用户暂停通信。系统可以利用 DAA 技术的时间自适应性，为用户提供新的多址方式，进而容纳更多的 CR 用户。

参 考 文 献

[1] 杨曦, 郭爱煌, 张超, 等. 认知无线电主动切换的延时优化[J]. 电子测量技术, 2009, 30(2): 11-14.

[2] WANG P, XIAO L M, ZHOU S D, et al. Optimization of detection time for channel efficiency in cognitive radio systems[C]//IEEE Wireless Communications and Networking Conference. 2007: 111-115.

[3] HSU C C, WEI D S L, KUO C C J. A cognitive MAC protocol using statistical channel allocation for wireless ad-hoc networks[C]//IEEE Wireless Communications and Networking Conference. 2007: 105-110.

[4] 朱刚, 刘玮, 蒋潺潺. 超宽带无线通信技术研究进展[J]. 山西大学学报(自然科学版), 2010, 33(2): 238-243.

[5] 张伟卫, 赵知劲, 王海泉. 基于预留信道机制的 CR 频谱切换描述及改进[J]. 计算机工程, 2010, 36(22): 96-98.

[6] TEKINAY S, JABBARI B. A measurement-based prioritization scheme for handovers in mobile cellular networks[J]. IEEE Journal on Selected Areas in Communications, 1992, 10(8): 1343-1350.

[7] 郭彩丽, 曾志民, 冯春燕, 等. 机会频谱接入系统的切换请求排队机制及性能分析[J]. 电子与信息学报, 2009, 31(6): 1505-1508.

第 **10** 章
多带多路并行超宽带系统

在第 8 章设计的多带自适应脉冲的基础上，借鉴采用信道分割和正交并行传输的思想，选取 PSWF 组合脉冲生成多路正交的子路组合脉冲，作为子路传输数据的载体，将重复编码后的信息流经过串并转换分成多路并行，并相应地在接收端进行联合判决，从而实现对数据信息的并行传输。

🔍 10.1 多带多路并行系统模型

10.1.1 发送端模型

基于 TH-PPM 的特点，从提高系统的数据传输速率角度出发，建立多带多路并行超宽带系统的发射模型，主要包括信号处理和脉冲成形两个方面，信号处理包括编码和调制。发射端框架如图 10-1 所示。

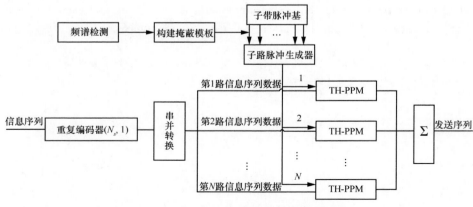

图 10-1 多带多路并行超宽带系统发射端框架

下面，对该发送端模型进行简单的说明。

首先，原始信息序列通过 (N_s,1) 分组的重复编码器，每个比特在进行 N_s 次的重复编码后引入冗余。将重复编码后的序列通过串/并行变换分成 N 个子路信息序列，取 $N_s = N$，则每一子路传输的均为相同的信息序列。

然后，利用相互正交的子路脉冲对各子路信息采用 TH-PPM。在生成子路脉冲时，系统需要对频谱环境进行感知和检测，这时，可用频段被分成 M 个子带，选取 $M \times N$ 个子频带脉冲基组合生成 N 个正交脉冲，作为系统数据传输子路的信息载体。由于同一子带内的脉冲基满足正交特性，不同子带间脉冲基具有较小的能量泄漏，因此通过合理的选取可以保证各子路组合脉冲间相互正交。

最后，把这 N 路信号叠加在一起变成一路信号，然后进行发送。该系统的优点在于保留了传统传宽带系统的重复编码，保证了系统传输的可靠性，同时又将信息分成了 N 路并行传输，系统数据传输速率提高了 N 倍。

系统的发射信号可表示为

$$s(t) = \sum_{i=1}^{n} s_i(t) = \sum_{i=1}^{n} \sqrt{E_T} \sum_{j=1}^{N_s} P_n\left(t - jT_s - C_j^n T_c - a_j^n \varepsilon\right) \tag{10-1}$$

因为在此系统中将 N_s 设为 1，即每个符号占用一个脉冲，以提高传输速率，则系统信号又可以表示为

$$s(t) = \sum_{i=1}^{n} s_i(t) = \sum_{i=1}^{n} \sqrt{E_T} P_n\left(t - jT_s - C_j^n T_c - a_j^n \varepsilon\right) \tag{10-2}$$

10.1.2　接收端模型

在超宽带系统中，常用的接收方式主要有匹配滤波、Rake 接收和传输参考。Rake 接收针对在多径分量功率增强时，采用一组不同的相关器，会有不同的模板，这些不同模板里面会有不同的时延，然后将多径分量进行合并处理，此过程中信道需要精确地估计，实现复杂度较大。传输参考将参考脉冲或差分编码后脉冲作为参考模板进行相关处理，因此不需要信道估计，且对同步的要求较低，降低了实现复杂度，但该接收方式会损失功率并且降低数据速率。

匹配滤波接收作为最基本的接收方式。在 AWGN 信道下能将接收信号的 SNR 最大化，能在噪声环境下有效地将信号检测出。此外，该方式具有结构简单，且在加性高斯白噪声下性能最优的特点，但不能消除多径干扰。

接收主要由检测和判决构成，在接收端采用相关解调方案，接收信号经过滤波器后，与相关掩模进行相关运算，其中相关掩模 $m(t)$ 可表示为

$$m(t) = v(t) - v(t - \varepsilon) \tag{10-3}$$

其中，$v(t)$ 为基本脉冲。

相关运算的结果送入积分器积分后，得到一组判决变量 Z

$$Z = \int_0^{T_b} r(t)m(t)\mathrm{d}t = \begin{cases} Z > 0, \ \hat{b} = 0 \\ Z < 0, \ \hat{b} = 1 \end{cases} \tag{10-4}$$

系统的接收端框架如图 10-2 所示。

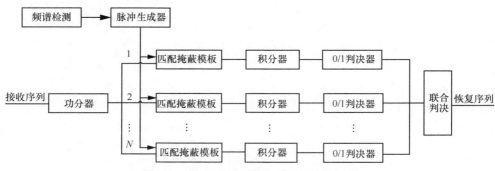

图 10-2　多带并行超宽带系统接收端框架

首先，将接收到的信号功率平均分配到到 N 个子路中，分别与各个子路的匹配掩蔽模板进行相关运算。然后，对所得到的运算结果进行积分后送入判决器来判决。最后，对 N 路恢复出的信息序列采用联合判决，将对应序列位的 N bit 合并成 1 bit，选取恰当的门限值进行比较和判决。通过系统的接收方式可知，系统的误码率受到参数 N 的影响，为了提高判决的正确率，N 选取奇数（$N = 2i + 1$，i 为正整数），只有当发生误码的支路数量大于或等于 $\left\lceil \dfrac{N}{2} \right\rceil$ 时，系统才会出现误码，联合判决将使接收机的误码率性能得到有效的改进。

多带并行超宽带系统接收端主要受两类噪声的干扰，一是接收机天线和电路产生的热噪声，二是子路信号间的干扰。该系统子路脉冲在理想情况下是相互正交、互不重叠的，但在实际脉冲产生中，各子路间不能做到完全正交，单一子路将会受到其他 $N_s - 1$ 路的影响。因此在进行判决时，应考虑此干扰因素，则单一子路判决变量 Z 为

$$Z = Z_u + Z_n + Z_m \tag{10-5}$$

其中，Z_u 为有用信号判决量，Z_n 为噪声影响判决量，Z_m 为其他 $N_s - 1$ 条子路信号对其干扰判决量。

此外，值得一提的是，本章设计的系统的收发两端均采用了频谱检测技术，这不仅可以根据得到的信息构建该系统的自适应频谱掩蔽，也可以加强频谱资源使用的灵活性，提高系统的整体性能。

Q10.2　子路组合脉冲

子路组合脉冲选取 3.5～10.5 GHz 频段频谱空洞内，设置各仿真参数为：并行子路数 $N=3$，脉冲重复时间 $T_s=12\times10^{-9}$，系统采样频率 $f_c=62.5\times10^{-9}$，随机扩频码周期 $N_p=5\,000$，脉冲持续时间为 2 ns，子带个数为 7，生成相应的脉冲基并进行系数选取、组合正交脉冲。3 路正交组合脉冲的功率谱密度如图 10-3 所示。

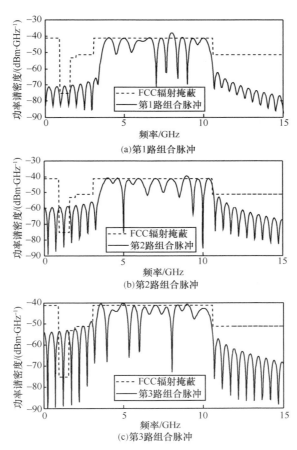

图 10-3　子路组合脉冲的功率谱密度

由图 10-3 可知，各子路脉冲在恰当组合后能够符合 FCC 的相关规定，对频谱的利用程度很高，且可根据用户的实际传输信息需求和信道状况选取子带个数，设计比较灵活。子路脉冲经 TH 调制后，具有随机信号的特征，出现频率"凹陷"

现象。但是由于不同子路"凹陷"的位置和程度都是随机的，因此系统将子路信号进行叠加后，对"凹陷"在一定程度上起到平滑作用。

3 路组合脉冲间的相关系数如表 10-1 所示。

表 10-1　组合脉冲间的相关系数

组合脉冲	相关系数		
	x	y	z
x	1	1.178×10^{-11}	1.66×10^{-10}
y	1.177×10^{-11}	1	0.18×10^{-10}
z	1.66×10^{-10}	0.18×10^{-10}	1

由表 10-1 可知，组合脉冲间相互正交，满足了系统对于脉冲的要求。但是，在现实的工程应用中，有一些子带的脉冲的能量集中程度小于 1，也就是说，有一小部分的能量会泄漏。因此，这种脉冲在频带外的功率有可能会干扰其他子带里的脉冲，也就是说，3 路组合脉冲之间并不能完全正交。

图 10-4 为 3 路脉冲叠加之后的功率谱密度。由图 10-4 可知，3 路脉冲进行叠加后的频谱，平滑了"凹陷"现象。这里采用了并行的脉冲设计的思想，它在提高脉冲对频谱的利用程度的同时，也能在子路叠加后较好地满足 FCC 的相关规定。但是由于分成了多个小频段，使分段求解加大了计算量和复杂度。

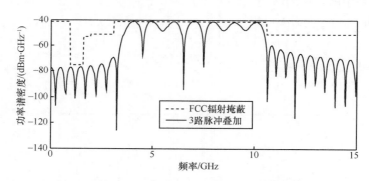

图 10-4　3 路脉冲叠加后的功率谱密度

10.3　系统性能分析

衡量一个系统的性能主要考察两大性能：有效性和可靠性。本章将对所设计的新型系统用 Matlab 进行仿真，同时对该系统的传输速率和误码性能进行详细分析，并与传统的系统进行对比。

10.3.1　系统有效性分析

（1）时域有效性

从传输速率的角度考虑，对于传统多带系统经过 N_s 位重复编码后，每 N_s 个脉冲用于传输一位调制数据，则信息传输速率为

$$R_b = \frac{1}{N_h N_s T_s} \qquad (10\text{-}6)$$

对于并行系统，经过 N_s 位重复编码后，将数据流分为 N 路并行，为保证子路的信息序列相同，N_s 的取值等于 N。子路中每个脉冲用于传输一位调制数据（即 $N_s=1$），则信息传输速率为

$$R_b = \frac{1}{N_h T_s} \qquad (10\text{-}7)$$

因此可知，在其他条件相同下，并行传输系统比传统系统数据速率提高了 N 倍。

（2）频域有效性

由第 6 章可知，当 $N_p > N_s$，且 N_p 增大时，能量分布在更大的频谱范围内，离散谱线峰值减小。也就是当 N_p 一定时，N_s 的减小也会有其效果。在该并行系统中，首先将信息序列进行 N_s 次重复编码，然后采取串并转换进行 N 路传输。此时由于各子路中所发送的序列相同，各子路 N_s 等同为 1。将传统系统中 N_s 设为 10，N_p 设为 5，N_h 设为 10 进行仿真对比。图 10-5 为两系统的离散谱线对比。

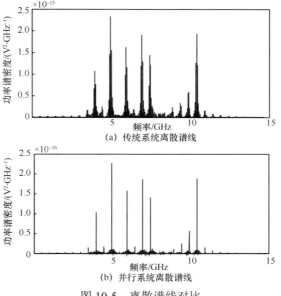

图 10-5　离散谱线对比

从图 10-5 可知，N_s 的减小在一定程度上降低了离散谱线峰值幅值，编码后各子路发送信号平均功率降低，系统的功耗降低。另一方面，也增强了信号的隐蔽性抗检测能力。为了简化仿真，传统系统采用与该多路并行系统相同的脉冲波形和调制方式，因此离散谱线峰值的位置并没有发生改变。

为更好地分析两系统的性能，将两系统的离散谱线进行展开。图 10-6 为图 10-5 中 4～5 GHz 频段内的谱线展开。

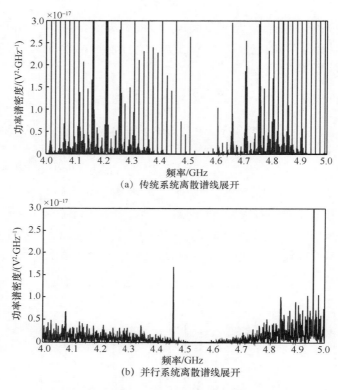

（a）传统系统离散谱线展开

（b）并行系统离散谱线展开

图 10-6　4～5 GHz 的离散谱线展开对比

由图 10-6 可知，N_p 的增大和 N_s 的减小减弱了原有系统中信号的周期性，峰值谱线数量明显减小，相同功率被分散到更多的细小谱线中。

对 y 轴取对数，分析两者在符合辐射掩蔽模板的性能，如图 10-7 所示。由图 10-7(a) 可知，传统系统中有较多的离散谱线峰值，这些离散谱线峰值的存在不符合辐射掩蔽的要求。为了使其满足规定，必须将整体的信号功率降低，但这也使传输速率减慢。由图 10-7(b)可知，并行系统中能量基本集中，离散谱线峰值很少，基本符合辐射掩蔽的模板。

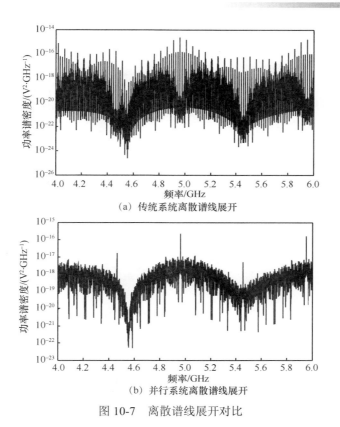

（a）传统系统离散谱线展开

（b）并行系统离散谱线展开

图 10-7　离散谱线展开对比

10.3.2　系统可靠性分析

（1）TH-PPM 系统的误码率分析

由相关知识可知，对系统进行误码分析是为了衡量它的可靠性。信号经过 AWGN 信道后，接收信号为

$$r(t) = \alpha s(t) + n(t) = \sqrt{E_R} \sum_{j=1}^{N_s} P\left(t - jT_s - C_j T_c - a_j \varepsilon\right) + n(t) \tag{10-8}$$

其中，α 为信道增益，$n(t)$ 为加性高斯白噪声。

系统相关掩膜为 $m(t) = \sum_{j=1}^{N_s} P\left(t - jT_s - C_j T_c\right) - P\left(t - jT_s - C_j T_c - \varepsilon\right)$，经过积分器，进入判决器进行判决，有 $\int_0^{T_b} r(t)m(t)\mathrm{d}t = Z_u + Z_n$ 。又因为

$$E_b = \left(Z_u\right)^2 \tag{10-9}$$

且

$$Z_u = \sqrt{E_R} \sum_{j=1}^{N_s} P\left(t - jT_s - C_j T_c - a_j \varepsilon\right) \cdot$$
$$\left[P\left(t - jT_s - C_j T_c\right) - P\left(t - jT_s - C_j T_c - \varepsilon\right) \right] \qquad （10\text{-}10）$$

则可知 $E_b = \sqrt{E_R} N_s^{\,2} \left(1 - \rho\right)^2$。其中 ρ 为组合脉冲 $P(t)$ 的自相关系数。对于正交 PPM 信号，$\rho = 0$。Z_n 服从均值为 0、方差为 $\sigma_n^{\,2}$ 的高斯分布，$\sigma_n^{\,2} = N_s N_0 \left(1 - \rho\right)$。则可知误码率为

$$\mathrm{Pr}_b = \frac{1}{2} \mathrm{erfc}\left(\sqrt{\frac{\mathrm{SNR}}{2}} \right) \qquad （10\text{-}11）$$

其中

$$\mathrm{SNR} = \frac{E_b}{\sigma_n^{\,2}} = \frac{E_b}{N_0}\left(1 - \rho\right) \qquad （10\text{-}12）$$

（2）多带并行系统的子路误码率分析

仿照 TH-PPM 系统分析原理，以多带并行超宽带的子路数 $N=3$ 为例进行分析，则并行传输系统的发送信号为

$$S\left(t\right) = S_x\left(t\right) + S_y\left(t\right) + S_z\left(t\right) \qquad （10\text{-}13）$$

即

$$s\left(t\right) = \sqrt{E_{Tx}} P_x\left(t - jT_s - C_j^x T_c - a_j^y \varepsilon\right) + \sqrt{E_{Ty}} P_y\left(t - jT_s - C_j^y T_c - a_j^y \varepsilon\right) +$$
$$\sqrt{E_{Tz}} P_z\left(t - jT_s - C_j^z T_c - a_j^z \varepsilon\right) \qquad （10\text{-}14）$$

接收信号为

$$r\left(t\right) = \sqrt{E_{Rx}} P_x\left(t - jT_s - C_j^x T_c - a_j^y \varepsilon\right) + \sqrt{E_{Ry}} P_y\left(t - jT_s - C_j^y T_c - a_j^y \varepsilon\right) +$$
$$\sqrt{E_{Rz}} P_z\left(t - jT_s - C_j^z T_c - a_j^z \varepsilon\right) + n\left(t\right) \qquad （10\text{-}15）$$

以第 1 路为例，相关掩模为

$$m_x\left(t\right) = P_x\left(t - jT_s - C_j^x T_c\right) - P_x\left(t - jT_s - C_j^x T_c - \varepsilon\right) \qquad （10\text{-}16）$$

积分判决为 $\int_0^{T_b} r\left(t\right) m_x\left(t\right) = Z_u + Z_n + Z_m$，并且

$$Z_m{}^2 = \left(\sqrt{E_{Ry}} \int_0^{T_b} P_y\left(t - jT_s - C_j^y T_c - a_j^y \varepsilon\right) m_x(t) \right)^2 +$$

$$\left(\sqrt{E_{Rz}} \int_0^{T_b} P_z\left(t - jT_s - C_j^z T_c - a_j^z \varepsilon\right) m_x(t) \right)^2 \quad （10\text{-}17）$$

即

$$Z_m{}^2 = E_{Rx}\rho_{xy} + E_{Rx}\rho_{xz} \quad （10\text{-}18）$$

其中，$\rho_{xy} = \dfrac{\int_0^{T_s} P_x(t) P_y(t)\,\mathrm{d}t}{\int_0^{T_s} P_x(t) P_x(t)\,\mathrm{d}t}$，$\rho_{xz} = \dfrac{\int_0^{T_s} P_x(t) P_z(t)\,\mathrm{d}t}{\int_0^{T_s} P_x(t) P_x(t)\,\mathrm{d}t}$ 表示 $P_x(t)$ 与 $P_y(t)$、$P_z(t)$ 的

互相关系数。则

$$\mathrm{SNR} = \frac{E_b}{\sigma_n{}^2 + Z_m{}^2} = \left(\left(\frac{E_b}{\sigma_n{}^2}\right)^{-1} + \left(\frac{E_b}{Z_m{}^2}\right)^{-1} \right)^{-1} \quad （10\text{-}19）$$

即

$$\mathrm{SNR} = \left(\left(\frac{E_b(1-\rho)}{N_0}\right)^{-1} + \left(\rho_{xy} + \rho_{xz}\right)^{-1} \right)^{-1} \quad （10\text{-}20）$$

又因为对于正交 PPM 信号，$\rho = 0$，所以有

$$\mathrm{Pr}_{bx} = \frac{1}{2}\mathrm{erfc}\left(\sqrt{\frac{\mathrm{SNR}}{2}} \right) = \frac{1}{2}\mathrm{erfc}\left(\sqrt{\frac{\left(\left(\frac{E_b}{N_0}\right)^{-1} + \left(\rho_{xy} + \rho_{xz}\right)^{-1} \right)^{-1}}{2}} \right) \quad （10\text{-}21）$$

由式（10-21）可知，第 1 路的误码率与第 2 路和第 3 路的互相关系数有关，互相关越小，误码率越小。

（3）多带并行系统的误码率分析

为提高系统的整体判决性能，将各子路的信息序列恢复后，将对应序列位的 N bit 合成 1 bit，选取恰当的参考值进行联合判决。本系统中假设 $N=3$，则系统的最终误码率为

$$\mathrm{Pr}_b = \sum_{n=2}^{3} C_3^n P_n (1-P)^{3-n} \quad （10\text{-}22）$$

由此，推导出子路数设置为 N 时，系统的最终误码率为

$$\mathrm{Pr}_b = \sum_{n=2}^{N} C_N^n P_n (1-P)^{N-n} \quad （10\text{-}23）$$

依据大数判决原理可知，系统模型里面涉及的主要参数 N 与该模型的误码性

能有很大的关系。N 越大，引入的冗余越大，最终的误码率越小，但系统的稳健性是以增加系统复杂性为代价的。

图 10-8 分别为子路与采用大数判决后的误码率和传统系统与并行系统的误码率的比较情况，这种比较是在背景为高斯白噪声的条件下进行的。

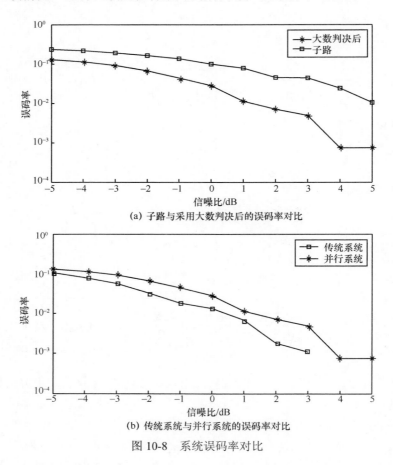

(a) 子路与采用大数判决后的误码率对比

(b) 传统系统与并行系统的误码率对比

图 10-8　系统误码率对比

由图 10-8 中仿真结果可知，信噪比越高，系统的误码率越低，这是符合理论分析的。由图 10-8(a)可知，在相同信噪比下，各子路信息经过联合判决后，误码率性能得到明显改善，系统的可靠性得到提高。由图 10-8(b)可知，各子路脉冲间互扰的存在造成并行系统误码率比传统系统有所增大，但也基本保持持平。由此可知，本章提出的多路并行系统具有良好的系统传输性能，可满足实际的要求，这充分验证了该系统的可行性。

仿真结果表明，大数判决极大程度地改善了系统的误码率，使误码率有着明显的下降，但在实际应用中，需考虑系统复杂性问题，因此要在两者中达到均衡。